精工可可與巧克力

--- 入門科學與技術

Artisan cocoa and chocolate

--- Basic Science and techniques

王裕文　著

自序

　　我於 1980 年進入東亞現代農業文明發源地之一的臺灣大學農藝學系接受現代農業的洗禮，入學後深深為農藝系的立系標竿 "We feed the world" 吸引感動，也覺得高中時代以農業為第一志願的決定是正確的也是可以落實的。在就讀碩士時期，當時就注意到一個現象，農藝系的研究在逐步縮減中，在當時台灣經濟快速發展的階段，農藝領域的研究卻在縮減，這不是經費不足的緣故，當時就有些想法，感覺台灣的農業在轉型了，但是卻看不懂是怎麼一回事。

　　2001 年起我受邀擔任了臺灣大學農業試驗場管理組長，當時思考農業試驗場的定位以及如何推動教學、研究與推廣三大領域的工作，如何讓社會大眾接受在缺少農民的台北市，又是在寸土寸金的地段設立一塊農田種種水稻是一件有價值的事情。核心的考量點是：台北是一個消費市場，不是

一個生產基地，長期以來農民單方面努力生產好東西並沒有解決銷售的問題，農產品銷售的各種問題一直沒有解決。我認為聰明的消費者，識貨的消費者可以讓農民苦心栽培優質的農作物獲得賞識，進而賣到好價錢，如此可以更直接的幫助農民，而這也符合當時新興的產地直銷的趨勢，因此在推廣工作上，我選擇了消費者教育作為推廣的主軸，以此來推動農產品的銷售。

農產品方面我選擇當時還在孕育階段的精品咖啡作為切入點，以了解消費者對接受農產品品質知識的需求。透過開設市民講座與消費者互動，藉由煮咖啡品嘗咖啡的過程，介紹如何透過味覺嗅覺分辨咖啡品質的技巧，第一次感受到消費者的強烈需求。

累積了數十場市民講座消費者的回饋經驗，在 2004 年由當時農學院院長楊平世教授指派下，我執行了古坑的咖啡生豆評鑑工作，透過評鑑的過程輔導農民生產高品質的咖啡。發現當時咖啡評審人力的不足，因此才起了訓練消費者成為專業評審的想法，據此 2005 年起在大學部開設了咖啡學課程，介紹咖啡品質品評的原理與技術，收納跨院系的學生，希望藉由選修這門課程的跨院系領域的學生，在畢業後能將認識農產品品質的概念，透過咖啡這顆種子進入各行業，緊接在 2006 年起透過臺大進修推廣部，持續開設咖啡官能鑑定專業人員培訓班，培養出了一批咖啡評鑑師。

連續十年的評鑑工作，接觸了農民、官員、業者及消費者，這四大族群的想法與需求，讓我對農業產業的發展與演變有了較清晰的概念。在這段期間，我開始深入思考人類飲食文明的議題，想要釐清在二十世紀初興起而快速昌明的科學世代對飲食文明所產生的影響。一個重要的轉捩點是在2010年後，我開始接受到相關政府機關的通知邀約，出席相關的食品安全會議，我覺得很奇怪，食品加工部門應該對原物料不陌生，但是為什麼經過30年，卻又要回頭找原物料部門尋求諮詢？原來是近十年來眾多的食品安全事件，都是與食品添加劑有關係，消費者對食品有了新的想法，我發現時代又在改變了。

　　我所學所從事的工作，基本上是屬於農業原物料生產的部門，在現代農業的分工系統中，生產部門生產出來的原物料，就會移交給食品加工處理部門接手，這解釋了1980年代原物料生產領域的重要性逐漸縮減而食品加工領域快速擴張的現象，三十年後，原物料生產領域的人重新被召回參加食品的會議，對原物料的特性進行更深入的檢視與研究，這又是一個新的變局的開始，這個變局的開展以及走向都是值得關注的。

　　由這兩次變局的軌跡，我逐漸琢磨出科學時代飲食文明發展的三階段說；吃飽－吃好－吃健康。台灣在二次大戰後重建至今的過程就印證了我的三階段說，光復初期，糧食不

足，因此飲食供應的首要目標就是要增加產量，餵飽大家的肚皮，等到大家都有飯吃了，就會想要吃點肉，飲食供應就進入第二階段－吃好。肉吃多了就少吃糧食，造成糧食生產過多，也就連帶有了食品加工的需求，加工食品結合市場經濟，就加入了許多的防腐劑、色素與各式的添加劑。這些過多的添加劑與大量的肉食造成健康問題，看了醫生，才知道要吃健康，吃健康變成了飲食供應的新目標。吃健康不能只吃藥，還是需要食物的，所以大家這才回頭仔細研究食物。

在現代工商發達，科學不斷透過教育深化人心的社會中，各個領域都被科學滲透了，一切以符合邏輯為原則，一切都會有標準答案，一切問題都可以科學化地解決，人類忽然間有了一個萬能的工具可以完全依賴！這也深深影響了台灣光復後飲食文明的發展，吃了太多的塑化劑，有科學化的醫學系統會解決，所以人們繼續吃，覺得有了依靠的人們，似乎也同時放棄了核心的選擇權！幸好在民主的系統下，資訊是可以被要求被公開的，不同的意見是可以被討論被尊重的，人們仍然是可以有選擇的，只是需要被喚醒。回到飲食文明的發展議題，"真食物"就是呼應吃健康訴求的一個核心議題，要求原形食物低度加工，這個核心價值帶入我所從事的各項工作，包括本書所觸及的巧克力產業。

巧克力是一個高度工業化，極度商品化的食品，各式各樣的替代成分與添加劑讓現代的工業化巧克力與真食物的距

離越來越遙遠。相較於精品咖啡產業的發展，現在台灣精品手工巧克力產業的發展剛在萌芽階段，我以一個農藝人的背景，走過精品咖啡發展的經驗與歷程，從可可生豆原物料入手，積極引入科學知識，發展低度加工技術，屏除人工添加物，積極回應”真食物”與”吃健康”的當代需求。

　　本書所提出的巧克力製作技術，非常需要製作者的嗅覺味覺等感官功能介入，藉由製作者的感官感受而決定製作流程的進展，這是一個把對食物的選擇權回歸給人的一個重要機制，這與現代科學教育追求標準答案是背道而馳的，對於深受現代科學教育影響的人們而言，沒有標準答案，依靠自己的感官感覺決定巧克力的風味，將是一場驚心動魄的挑戰，在發展這個製程的過程中，我經歷過茫然無助的感覺，但是我邀請你也來飽覽感受這過程中無限旖旎的味覺嗅覺的豐富旅程。

　　巧克力是一個來自西方世界的新食物，如何融入東方的飲食文化，與豐富多元的東方飲食文明激發出新的味覺享受是非常令人期待又令人興奮的。我知道在人們重新拿回食物的主導權後，巧克力在東方世界的發展將會有無限的可能。

目　錄

第五章

前言

　　巧克力自十六世紀中葉傳入歐洲，歷經近一世紀的流
傳，到了十七世紀中葉，羅馬教皇宣布巧克力並未違反教義，
而在西方世界站穩腳步，至今已有三百餘年，隨著西方文明
的傳播，巧克力也傳遍了全世界，牛奶風味的甜巧克力是一

般人所熟悉的風味，甜蜜溫潤的口感是許多人幸福的記憶。二次大戰後，世界各國豐衣足食的生活過久了，許多文明病也不斷出現，健康養生的觀念逐漸萌生，預防醫學的概念也漸漸為世人接受，對於糖份的攝取，許多人也願意減量，造就了近二十年低糖食物商品的流行，隨著這波健康概念的興起，巧克力製造商也開發出高可可含量，如 70%，82% 等不含奶的黑巧克力商品，在市場上也能有一席之地。

　　依筆者的觀察，人類飲食文明的發展過程大致可以分「吃飽」，「吃好」與「吃健康」等三個階段，以近代台灣的社會發展歷程正好可以說明這個飲食文明的發展進程：二次大戰結束後，台灣自廢墟中恢復，糧食供應是不足的，因此當時的首要之務就是讓每個人都能吃飽，是一個講求「量」的供應，食物的品質是不被考慮的，主要的食物是以穀物為主，這個階段大概過了二十年，隨著重建的腳步進展，民眾生活逐漸富裕，飲食中肉類的比例開始增加，穀類的食用比例逐步下降，飲食文明的發展就逐漸由「吃飽」跨入了「吃好」的階段，在「吃好」的階段除了肉類的攝取增

示意圖

加了，其他的替代性品項，包含糖，奶製品等也跟著增加，這個階段的經濟發展也將原本的農業社會轉變成為工商都會型社會，大型的都會快速的形成，配合工作型態的轉變，也由日出而作日落而息的農村作息轉變成為朝九晚五工商社會的型態，人們的用餐習慣隨著工作型態的改變也產生了調整，轉變成為以外食用餐為主的型態，傳統農村社會自行備餐烹煮食物的習慣，也轉變成為購買預製型的半成品或成品，簡便加熱即可食用的食品，所以飲食文明從「吃飽」轉變成「吃好」的過程，核心的改變是飲食的對象由「食物」轉變成為「食品」。食品的發展結合工業化與商品化兩大元素之後，精製化的程度大幅提升，於是「偏食」在不知不覺中被強迫成為一種普遍的現象，除了造成攝取的食物不平衡，「不健康」也是必然連帶的後果，當眾人感受並明瞭不健康的原因與食物的關聯性之後，飲食文明的發展就進入了『要求』「吃健康」的階段，台灣在 1990 年代由於大量肉食所產生的飲食不平衡，造成了當時心血管類的疾病蟬聯多年十大死亡原因的現象，以降低肉類攝取為主要訴求的養生文化隨之興起，少油少鹽的烹煮方式成為主要的話題。

但是在前一個「吃好」的階段，對於飲食的口味口感已經有了喜好性與要求，同時經濟發展也使大家有了較富裕的條件，對於飲食的品質要求相對也較高，因此對「吃健康」的要求就同時還會要求美味，所以在少鹽少油的低度調味需求下，同時要兼顧食物的美味就必須要仰賴食材本身的滋味。對應這樣的飲食需求，台灣的消費市場上引進了日式懷

石料理，與地中海餐飲等講究食材特色的餐飲型態。因為要講求食材的特色，消費者回歸到了食物的本性，這就再一次的扭轉了人類消費的對象，由高度加工的食品回歸到基礎簡單的食物。

　　文明的發展階段並不會清楚的斷開，以整個社會的發展而論，這三個飲食文明階段是會重疊發展而且同時並存的，例如蛋糕甜點的甜度與砂糖的使用量，在糕餅店的展售架上會同時存在微甜到甜極了的產品，這是因應眾多消費者需求與各種糕點的特色，這會讓身處在這個社會的人看不清楚這個社會的飲食文明發展階段何在，但是如果我們觀察外來的遊客，他們在採購了當地的甜點，會抱怨甜度不足，這就說明相對於這位遊客的社會而言，本地的平均甜味是較低的，以糖對人體健康的危害而言，本地社會對健康的整體認知就比較先進。另外一個明顯的對比是台灣與大陸的飲食文明差異，來自中國大陸的觀光客，對台灣食物的整體印象是清淡，而台灣觀光客，對大陸食物的整體印象是重口味，在台灣的食物講求的是呈現食材的原汁原味，大陸的食物則是強調菜餚的風味濃烈，風味濃烈的菜餚是台灣 20 年前餐飲的主流，這 20 年來台灣的餐飲逐步蛻變成為現在追求展現食材的特色，支持了筆者在此所宣稱的飲食文明的進程。

　　巧克力產業的發展也符合這種發展軌跡，三百年來的巧克力產品發展，主要以製造商的品牌為市場宣傳的主力，這

種以「食品」為主題的市場行銷，屬於「吃好」發展階段的飲食文明，最近十年，以可可豆產地風味特色為主訴求的巧克力商品，逐漸在市場上出現，至今在歐美市場也占有一席之地，這就開始進到了追求食材的階段，屬於「吃健康」的飲食文明發展階段。這種現象也與咖啡產業的發展相符合，1990 年以前的咖啡產業是以製造商的品牌為主，1990 年之後的咖啡產業進入了所謂精品咖啡世代，開始追求莊園咖啡，乃至所謂的單一來源 (single origin)，進一步更導入了手工精製，追求從原豆到最終咖啡飲料的完美品質，這就是精品咖啡所謂的 bean to cup。

　　類似精品咖啡的發展，精品手工巧克力也開始走向 bean to bar 的這條道路，追求從可可原豆到最終巧克力的完美品質。目前精品手工巧克力剛在發軔階段，相關的技術設備還在發展階段，產業尚未成形。筆者自 2012 年起，將先前匯整的巧克力製程原理，組裝市場現有的替代性設備，潛心研究手工巧克力製作流程，再結合開班授課，綜合同學的回饋意見，修正製作流程，將開課初期原始的時程由 72 個小時縮短成為現在的 3 個小時，應該可以符合市場的期待，特撰寫本書，期盼拋磚引玉，共創新世代的精品手工巧克力產業。

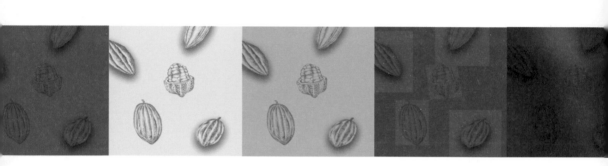

第一章

第一章

可可與巧克力的歷史

可可成為人類的食物

探究世界各地古文明，酒類都是最早的飲料，而且多數為水果酒類，在中國文明紀載中，經常流傳猴兒酒這類的敘述，記載著猴子採摘食用過熟的水果，產生興奮酒醉的現象，可以推想遠古的人類，採集水果，食用了其中過熟已轉換產生酒精的果實，因為酒精具有使人興奮的作用，同時酒精也具有成癮性，確實也會讓人類

示意圖

興奮快樂，經常食用後就上了癮，因而持續不斷地尋找飲用含有酒精成分的食物。透過觀察身邊容易取得又容易發酵的

食物，包括小米，高粱，小麥，稻米，馬鈴薯等高澱粉含量的穀類，以及葡萄，蘋果等糖分含量高的水果，在自然腐壞的過程中就會轉換成為酒精的特性，掌控轉換過程，最終發展出釀酒的技術，所以酒類能夠成為古文明共通的飲料。

原產於南美洲的可可樹，果實內的種子，包覆著一層厚厚的果肉，這層果肉甜度極高，可以快速發酵轉換成為酒精，人們取走了酒精之後，剩下的可可種子就被遺棄了，在偶然的機會之下，有人食用這些發酵殘留的可可種子，可能被其獨特的風味吸引，而逐漸發展出加工的製程。這些過程發生在遠古時代，缺乏文字記載，只能透過考古文物的發掘加以佐證，在現有的考古文物中，在西元前 1900 年馬雅古文明發掘的遺址中，發現有些陶罐容器含有殘留的可可成分，因此可以回溯可可在距今 3900 年前就被人類加以利用了。

中美洲馬雅文明與阿茲特克帝國

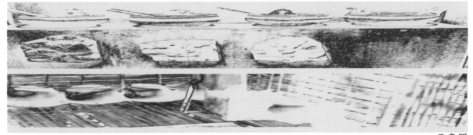

示意圖

巧克力在馬雅文明被稱為神的食物，在許多馬雅文明發

掘的文物壁畫中，可以發現在馬雅文明的祭祀典禮中已經被使用了，這段時間大約是在西元 400 年左右，在發掘的文物中發現有承裝了可可飲料的容器，另外在發掘的文物中，也記載著在祭祀典禮中會使用可可飲料，一般人老百姓會在住所的周圍，種植可可樹，自行製作發泡性的可可飲料，推測這些可可飲料應該是苦味，可能也有添加蜂蜜等而成為甜味。發源繁榮於中美洲的馬雅文明，到西元十五世紀，被阿茲特克人取代了，阿茲特克人掌握了大部份的中美洲地區，同時也將飲用可可飲料的習慣融入他們的文化，相對於馬雅人喜歡熱的可可飲料，阿茲特克人偏好冷的可可飲料，阿茲特克人同時也在飲料中加入其他的成分，包含香草等香料，辣椒、蜂蜜等調味料。阿茲特克人居住在高海拔的地區，當地無法栽培可可樹，因此他們要求可以生產可可樹的地區提供可可豆，當時也建立了以物易物的交換制度，例如一隻火雞可以交換 100 粒可可豆，一顆新鮮的酪梨可以換取三粒可可豆，利用這種交易制度，將可可豆輸入到他們的帝國。

示意圖

歐洲人與可可豆的邂逅

在西元 16 世紀前，歐洲人並不曉得有可可這種植物，

在西元 1502 年 8 月 15 日哥倫布的第四次航海探險，途中攔截載有大量可可豆的獨木舟，當時他們認為是杏仁果，雖然後來把這些可可豆帶回西班牙，但是並未引起大家注意，後續的西班牙教士再次將可可豆帶回到西班牙宮廷，才逐漸為人知道。或許號稱「征服者」的西班牙人埃爾南‧科爾特斯 (Hernán Cortés) 是第一個飲用道地阿茲特克皇室專用的發泡可可飲料的第一個歐洲人。阿茲特克人習慣在可可飲料中，加入辣椒，香草以及其他的香料，並作成發泡性的飲料，但是這種飲料並不受到歐洲人喜歡，當時許多歐洲人的文件資料中記載了對這種飲料的反感。

西元 1521 年埃爾南‧科爾特斯打敗了阿茲特克帝國，開始將可可豆製成的飲料帶回歐洲，同時也把糖，蜂蜜等加入到巧克力飲料來降低它的苦味，也把許多的香料，包括香草及辣椒等加入到巧克力飲料，增添它的風味，成為西班牙宮廷的美食，到西元 1602 年，巧克力就由位於南歐的西班牙傳到了位於中歐的奧地利，羅馬教皇更於西元 1662 年公開宣布，飲用巧克力飲料並未違反教規，這註解了巧克力飲料在歐洲的風行程度。

巧克力製作費時冗長，需要大量人力投入，加上中南美洲人民在這段期間因為疾病而大量死亡，同時英國，法國及荷蘭在其各自的海外殖民地大量種植可可樹，製作巧克力就淪為廉價勞工與非洲奴工的工作，這股在 17 世紀初期發展

而延續到 19 世紀末對巧克力喜愛的風潮，事實上促成了全球奴隸市場的形成。

在這段時間，歐洲同時也進入了所謂的工業革命時期，利用風力、馬及驢子等獸力為動力的可可輾磨機器也陸續被發明，來加快製作巧克力的速度，在 1732 年法國人發明了可在作業區局部加熱的桌上型輾磨機。

荷蘭化學家哥雷德．萬豪敦 (Coenraad van Houten) 在西元 1815 年將鹼性的化合物加入了可可的製作程序中，發現可以降低巧克力的苦味，在 1828 年又發明了擠壓的機器，可以將可可膏一半的油脂壓擠出來，不僅降低了巧克力的生產成本也讓巧克力的品質更穩定，這兩項發明將巧克力的生產帶入了新的時代，脫離了源自於馬雅文明的傳統巧克力製程，這就是現在市場上所謂的「荷蘭巧克力」Dutch Chocolate 也稱為「鹼化巧克力」alkalized chocolate，這種經過機器擠壓後的可可硬塊，更容易磨成可可粉，磨出來的可可粉也更容易溶於水中。

西元 1847 年英國人約瑟夫．富萊 (Joseph Fry) 把分離出來的可可油脂加回到可可粉中製作出塊狀巧克力，同時發現塊狀巧克力的形狀是可以被灌入不同的模型而有不同的外觀。

牛奶是西方歐洲人的重要飲食元素，因此在 17 世紀初期，巧克力引進到歐洲後，牛奶就被加入到巧克力的飲料。俄國物理學家歐斯普.克里夫斯基 (Osip Krichevsky) 在西元 1802 年發明了現代化的奶粉製作技術，瑞士巧克力工藝師丹尼.彼特 (Daniel Peter) 經過了多年的努力，在 1875 年終於成功地將奶粉加入到巧克力，製作了牛奶巧克力，創造了風行全球的口味。

　　西元 1879 年瑞士人魯道夫.蓮 (Rodolphe Lindt) 無意中發現的巧克力精煉 (conching) 的製程，將細顆粒的可可固形物包裹在可可油脂內，讓塊狀巧克力當時一般普遍為人詬病的粗糙顆粒性的口感變得滑順黏膩，創造了新的巧克力口感，後來逐步成為風行世界的口感。

　　西元 1869 年法國化學家希伯萊特.莫里斯 (Hippolyte Mège-Mouriès) 利用乳化劑發明了乳瑪琳 (人造奶油) 開創了食品工業製程，人類科學在十九世紀中葉隨著基礎的物理，化學的發展開始，到了二十世紀初葉就有了相當長足的進展，隨著工業革命發展，資本主義商業模式開始萌芽，將科學知識導入工業製程，在 1930 年代就產生了食品工業，初期使用天然的大豆卵磷質作為乳化劑，但是人工合成的乳化劑在 1950 年代以後大量取代了天然的乳化劑，成為市場的主流，目前已經滲透到烘焙糕點業，乳製品，冰淇淋，巧克力等精緻的美食。

巧克力使用乳化劑可以穩定可可固形物顆粒與可可脂的結合，並可讓加入的糖，奶粉等添加物維持穩定的結合狀態，延長保存期限，降低保存期間的溫控等環控需求，目前市售的巧克力基本上都有使用乳化劑，各國政府對於各類乳化劑的使用與標示都訂有相關的標準。

第二章

第二章

可可農藝學

可可的分類特徵與學名

根據 Tjitro soepomo (1998) 的分類判定可可 (*Theobroma cacao* L.) 的分類地位如下：

門 Division: spermatophyte 種子植物
亞門 Sub divisions: angiosperms 被子植物類
綱 Class: dicotyledoneae 雙子葉綱
亞綱 Sub-class: dialypetalae 離瓣花類
目 Order: malvales 錦葵目
科 Family: sterculiaceae 梧桐科
屬 Genus: Theobroma 可可屬
種 Species: cacao L. 可可種

可可屬的家族中共 22 個物種，其中只有可可種被人類利用，並廣泛地進行經濟栽培。

可可樹的植株高度約在 4-8 公尺之間，在其家族中屬於小型熱帶常綠喬木，原生在中美洲及南美洲熱帶雨林。葉片互生，長橢圓形單片完全葉片，葉長 10～40 公分，葉寬 5～20 公分，表面蠟質反光。花朵直接著生於樹幹，花朵的直徑約為 1-2 公分，萼片為粉紅色，花瓣為白色，花型結構為 * K5 C5 A(5°+5²) G(5)。開花授粉是透過小型的昆蟲鋏蠓 (*Forcipomyia midges*) 進行的。授粉後 5～6 個月果實成熟，果實外殼堅硬，外型為長橢圓形，長度約在 10～30 公分，寬度約在 7～15 公分，沿長軸有十條凹溝；果實外殼的顏色有兩種，生長發育階段為青白色者，成熟轉變成為黃色，生長發育階段為紅色者，成熟轉變成為橙色，內有種子 30～40 粒，每粒種子被白色厚重果肉包覆，種子在果實內依長軸排成五縱列。

葉片互生

花朵著生樹幹

果實

可可樹的起源

產地分布與氣候條件

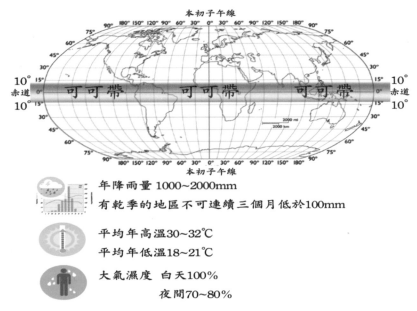

本初子午線

可可帶　可可帶　可可帶

赤道

本初子午線

年降雨量 1000～2000mm
有乾季的地區不可連續三個月低於100mm

平均年高溫30～32℃
平均年低溫18～21℃

大氣濕度　白天100%
　　　　　夜間70～80%

　　現今可可樹種植的區域，分布在以赤道為中心，南北緯 10 度範圍內的地區，以低海拔地區為主，可可樹生長良好的地區，一般來說，平均的年高溫落在攝氏 30～32 度間，平均的年低溫則在攝氏 18～21 度間。年降雨量平均落在 1500～2000 毫米之間，降雨量是影響可可產量的最重要因素，尤其是年降雨量的均勻分布程度影響更大，可可樹對土壤濕度的變化非常敏感，如果有連續三個月的平均月降雨量低於 100 毫米的乾旱期，可可的生長與產量就會受到嚴重的影響。可可樹喜歡生長在高溫潮濕的環境中，在各主要的可可生產地區，通常其白天的大氣濕度維持在 100%，夜間則

會降至 70~80% 之間。可可樹基本上是需要遮蔭的，尤其是幼年期的樹苗，遮蔭更是不可或缺的。

可可樹品種

數百萬年前，可可樹起源於南美洲安地斯山東部，約 4000 年前馬雅人將可可馴化栽培，成為馬雅文明與後續的阿茲特克帝國重要的飲料，到了 16 世紀，西班牙人打敗了阿茲特克帝國，接觸了可可這種新作物，帶回歐洲之後，在短暫時間內，就成為風行全歐的新興飲料，也因此開始大量將可可豆運回歐洲進行加工製作與食用，西班牙獨家掌控可可豆的進口長達約一百餘年的時間。歐洲的消費食用量擴大後，西班牙人就陸續在新取得的殖民地種植可可樹，首先在多明尼加，千里達以及海地等三個新取得的殖民地種植可可樹，但是並未成功，一直到了西元 1635 年，西班牙教士成功在厄瓜多爾種植了克里歐羅 (criollo) 亞種的可可。後續興起的歐洲殖民列強們，為了打破了西班牙對可可進口的壟斷，各自在其殖民地種植可可豆，回銷可可豆到歐洲，其中以法國人在可可的引種上扮演非常重要的角色，分別在西元 1660 年，將可可引入了馬丁尼克 (Martinique) 與聖露西亞 (St. Lucia) 兩個新的殖民地，1665 年引入多明尼加，1677 年引入巴西，1684 年引入圭亞那，以及 1714 年引入格瑞那達，英國人則在西元 1670 年將可可引入牙買加，荷蘭人在 1620 年將可可引入古拉索 (Curaçao)，這是可可在加勒比海地區及中南美洲傳播的歷程。

　　隨著歐洲可可市場需求的擴大，可可的引種栽培加快了拓展的腳步，開始帶進到了非洲的殖民地，1822 年普林斯比 (Principe) 由巴西引進了屬於高產的佛瑞斯多 (Forastero) 亞種的品種「雅美瓏多」(Amelonado)，此品種外型長橢圓類似香瓜，比可里歐羅亞種的可可樹高產且耐病蟲害，1830 年再傳到聖多美 (Sao Tomé)，1854 年傳進比奧科島 (原名費爾南多波島 Fernando Po)，1874 年傳入奈及利亞，1879 年傳入迦納。

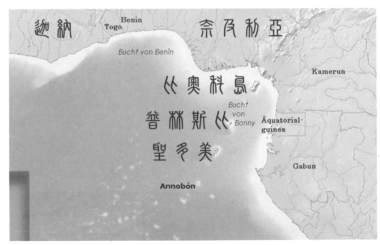

目前一般對可可樹品種的分類方式是依據果實的外型將可可分為三種型，這三種外型對應到分類學上的兩種亞種以及這兩種亞種的雜交種。這兩種分類學的亞種分別是 1) 可里歐羅 Criollo (*T. cacao* var. cacao) 及 2) 佛瑞斯多 Forastero (*T. cacao* var. sphaerocarpum)，這兩種亞種的雜交種是千里達 Trinitario，這種雜交型是天然自行雜交的，由於是在千里達被發現的，因此取名為千里達。

可里歐羅 Criollo (*T. cacao* var. cacao) 果實的外型是長橢圓形到卵圓形，果實底部收縮成尖形，果實表面有 10 條凹溝，凹溝間距離不平均，外皮較

可里歐羅 果實

軟，子葉顏色為黃白色。每個果實約有 15~30 粒種子，平均 25 粒，每粒種子重量通常大於一公克，每棵樹每年約可生產 120~150 個果實。

佛瑞斯多 Forastero (*T. cacao* var. sphaerocapum)，forastero 在西班牙文是 ” Foreign 外來 ” 的意思，說明西班牙人認為這個可可樹是由南美的亞馬遜河盆地引入到中美洲，果實的外型是橢圓形到圓形，果實底部呈現圓滑型，並未收縮成尖型，果實表面圓滑，有 10 條凹溝但凹溝不明顯，

凹溝間距相仿，子葉顏色是紫色。每個果實約有 35~68 粒種子，平均 36 粒，每粒種子重量通常小於一公克，每棵樹每年最多可生產 300 個果實。

佛羅斯多 果實 　　　　　　　　　千里達 果實

千里達 Trinitario 是可里歐羅 Criollo 與佛瑞斯多 Forastero 兩個亞種的天然雜交種，有些人將其分類在佛瑞斯多的亞種之下，其果實的外型等特徵與可可豆的品質介於可里歐羅與佛瑞斯多兩亞種親本之間。

可可豆內容物成分

　　可可豆的內容物成分會受到產地，氣候，及品種而有所不同，以下為彙整 Rohan(1963) 及 Reineccius 等人 (1972) 對西非佛瑞斯多的未發酵生豆的內容物的研究結果。

類別	乾燥豆百分率 (%)	非可可脂的成分百分率 (%)
子葉 cotelydons	89.60	
種殼 shell	9.63	
胚 germ	0.77	
油脂 Fat	53.05	
水	3.65	
灰分 Ash	2.63	6.07
氮 Nitrogen		
總氮	2.28	5.27
蛋白質氮 Protein Nitrogen	1.50	3.46
可可鹼 Theobromine	1.71	3.95
咖啡因 Caffeine	0.085	0.196
碳水化合物 Carbohydrates		
葡萄糖 Glucose	0.30	0.69
蔗糖 Sucrose	1.58	3.86
澱粉 Starch	6.10	14.09
果膠 Pectins	2.25	5.20
纖維 Fibre	2.09	4.83
五碳醣類 Pentosans	1.27	2.93
果肉與膠質 Mucilage and gum	0.38	0.88
多酚類 polyphenols	7.54	17.43
酸類		
游離態醋酸 acetic (free)	0.014	0.032
草酸 Oxalic	0.29	0.67

可可繁殖

可可樹繁殖可以透過種子，扦插法，空中壓條法，或嫁接法。

種子繁殖

使用種子繁殖時，需取用成熟果實，果實以果形大顆完整者為佳，以新鮮摘取的果實為佳，存放超過一周以上的果實，其內的種子的胚芽通常會死亡，就無法發芽了。將果實剖開後，建議選取果實中段肥大的種子進行繁殖。將種子取出後，分離果肉，直接進行播種。

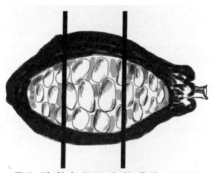

選取果實中段肥大飽滿的可可豆
作為播種使用的種子

利用種子播種可以有兩種方式：1) 直播法，直接在可可園中播種，直播法受到可可種子發芽率的影響，以及發芽期的各項病蟲害，雜草競爭等危害，因此其成功率並不高；2)

育苗移植法，先在苗床或育苗袋中育苗，透過人工照料，可以讓幼苗順利發芽成長，等幼苗穩定後，再行移植到可可園，

苗床育苗法

苗床準備

選取平坦，排水良好，土層深厚的田區育苗，土壤以鬆軟，富含有機質為佳，深犁土壤至少 30 公分深，確實翻鬆苗床的土壤，避免有結塊的土塊。

苗床作畦

畦高約 15 公分，畦面寬約 120 公分，兩畦間的畦溝約 60 公分，畦面整平不需緊壓土壤。

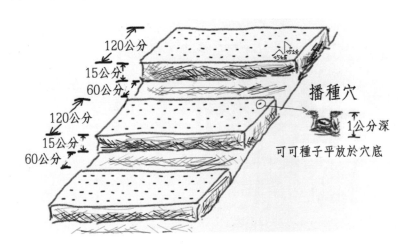

播種間距

以木棒或類似器具，在畦面上沿長邊每隔 25 公分開挖深度約 1 公分的播種溝，將可可種子以 25 公分間距，將可可豆的寬面平放點播在播種溝內，播種完畢再輕鬆覆土於播種溝表面，將可可種子完全覆蓋。

育苗袋育苗法

選用深度 30 公分以上，直徑 20 公分的塑膠袋或是竹籃盆缽等排水良好的容器，育苗袋內填充富含有機質的鬆軟土壤，再將可可種子種植在育苗袋內。

育苗法不論是採用苗床育苗或是育苗袋育苗，種子播種後，都需要建立遮蔭的設施以保護幼苗遭受過強的光線危害。

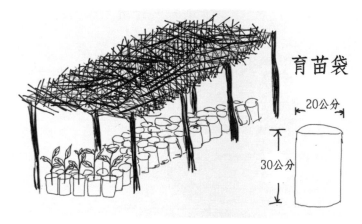

育苗袋

在熱帶地區，播種後六個月，幼苗應該可以長出兩片成熟葉片，此時就應該進行移植，以免幼苗老化影響後續的生長發育。

育苗床的幼苗應該使用鏟子小心挖取，盡量保持根部的土球完整，避免根部受傷，發育不良或是遭受病蟲害的幼苗應該要捨棄，只選用健康的幼苗進行移植。

使用育苗袋育苗的幼苗，如果是使用塑膠袋材質的育苗袋，在移入種植穴時，應該將塑膠袋割開取出再行種植，如果是可自然分解的材質，就直接移入移植穴。

可可園的準備

種植可可樹的地點應選擇土層深厚，避免石礫地或有硬盤層的地區。可可樹為主根系作物，其主根可深入土層，主根分支出來的支根也可向下紮深，主根也會向水平方向生長出許多側根，這些側根會分布土壤表面。優良可可園的土壤應該富含有機質，配合可可樹的原生地特性，應該有大型的樹木提供遮蔭。

可可樹種植的行株距大約在 2.5~3 公尺左右，每公頃可

種植約 1000～1600 株可可樹。

移植可可樹幼苗

移植穴應該在移植前兩個月就先行挖掘，並將挖出的表土與心土分開堆放在移植穴的兩邊，避免混合。移植幼苗前幾天再將挖出的表土先放入穴底，然後再把心土放在上層，移植當天再開挖一個洞將幼苗移入。將幼苗移植到移植穴中，注意避免使土壤覆蓋高於幼苗的冠部（地上部與地下部交接的部位），同時不可讓主根彎曲或折斷。移植後的一周內的幼苗必須要提供遮蔭，以免因過度日曬而造成灼傷。

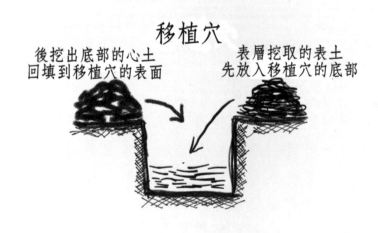

移植穴

後挖出底部的心土
回填到移植穴的表面

表層挖取的表土
先放入移植穴的底部

可可園管理

幼苗移植後，應定期巡視，如果發現有死亡或生長發育

不良的幼苗，應該盡速拔除補植，如果是有病害的植株或幼苗，拔除後應加以焚燒銷毀，避免病害傳播。

　　可可園應定期整理，避免雜草孳生，可可樹的樹冠下方的土壤應清除雜草，可可樹應適當修剪枝條，將修剪的枝條與清除的雜草，整齊放置於可可樹的行間，覆蓋土壤表面。

可可樹修枝

　　理想的可可樹樹型是有一枝強壯的主幹，樹冠的高度約在 1.5 公尺，樹冠由 3-5 枝分枝構成。

理想樹冠高度

1.5公尺

　　在第一年的生長過程中，可能會有數枝分枝形成，選留一支最強壯的分枝。

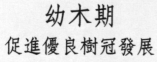

幼木期
促進優良樹冠發展

切除下部側生分枝
保留強壯頂部主枝

如果樹冠形成的高度偏低，低於 1 公尺以下，可以讓一枝徒長枝向上生長，超過原樹冠之後，這枝徒長枝會形成新的樹冠，原來的樹冠就會停止生長，再將之修剪去掉。

抬升過矮的樹冠

可透過選取強壯的徒長枝
讓其形成新的樹冠
原本矮的樹冠便會自然死亡

修枝的原則，死亡的分枝，乾枯的枝條，側生的不定枝以及徒長枝都應該加以修除。修剪不定枝或徒長枝應將節點的生長點一併修除如下圖左邊的圖示，下圖的右側圖示為錯誤的修剪法。

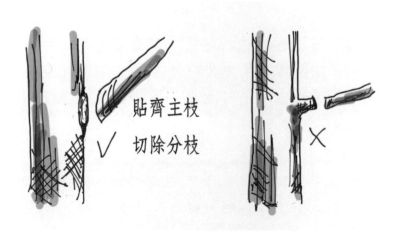

貼齊主枝
切除分枝

主幹更新法

　　如果可可樹生產年限已久，樹勢老化，結果率下降導致
產量降低，可以進行主幹更新的修剪法。挑選保留樹幹基部
靠近土表的強壯側生枝，將主幹鋸除。然後再依上述修枝的
方法，選留一支作為新的主幹。

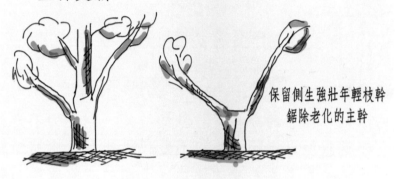

主幹更新

保留側生強壯年輕枝幹
鋸除老化的主幹

施肥

　　可可樹施用肥料的成本很高，請適當施用。如果可可園
管理不良，導致雜草叢生或是枝條蔓生，則施用肥料的效果
通常都不好，因此施用肥料之前，請務必完成雜草清理，以
及枝條的修剪。

　　可可樹對化學肥料非常敏感，直接將化學肥料與可可樹
的樹幹，分枝或是葉片接觸，都可能引起化學性的灼傷。施
用化學肥料應在可可樹幹為中心，半徑為 1 公尺的外圈施用，

此處為可可樹的細根主要的分布區域。每年施用兩次肥料，分別在四月及九月各施用一次。

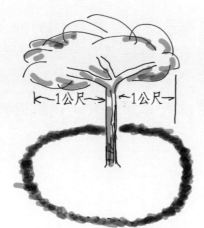

均勻撒佈肥料於樹冠外圈
1公尺半徑以避免肥傷幼根

施用肥料的種類需要視土壤質地調整，偏砂質土壤的地區可以考慮使用 13-10-15(N-P-K) 的肥料。種植後的前兩年的肥料用量，分別在四月及九月各施用一次，每次每棵樹施用 125 公克。第三年起，每棵樹每次施用 250 公克。

病蟲害

蟲害

危害可可樹最嚴重的害蟲主要為椿象類，椿象類主要危害嫩枝及果實，幼年可可樹遭受椿象為害通常會致死；防治

椿象可選用政府公告許可的化學性殺蟲劑,或是採用天敵防治及其他有機的防治藥劑及技術。

另一類危害嚴重的害蟲是螟蛾等穿孔性蛀蟲 (Borers) 類害蟲,成蛾產卵於嫩梢花蕾及幼果等幼嫩部位,幼蟲孵化後鑽入可可樹樹幹等為部位蛀蝕,主要危害樹幹及分枝。防治螟蛾可選用政府公告許可的化學性殺蟲劑,或是採用天敵防治及其他有機的防治藥劑及技術。

病害

腫枝病與黑莢病是兩種危害可可樹最嚴重的病害。

腫枝病 Cocoa swollen shoot disease,為病毒引起的病害。主要透過蚜蟲傳播,發現有病株時,須及時將整株砍除,並需要將周圍的可可樹一併砍除,以免病情擴大。

黑莢病 Black pod disease,是由疫病菌屬 (*Phytophthora spp.*) 的病原菌引起,通常造成 10% 的產量損失,若未加控制,嚴重時可致全無收穫。

受病害果實

可可果實採收

　　可可樹苗移植到田間種植後，約兩年可以開始開花結果，建議將這些第一次開花的可可樹的花移除，不要讓它開花結果，以便讓可可樹的初期發育較穩定，以提升未來的產量與品質，移除花朵時應避免傷及花朵著生部位的樹幹組織，以免影響來年的開花結果。

　　在可可樹的主要產地，可可一年有兩次採收期，第一次在雨季初期，為次要的產期，在雨季末期採收量較大，為主要的產期。

　　可可果實的採收應分次採收，每隔兩周巡視果園一次進行採收，每次只採收成熟的果實，成熟的果實外觀顏色為黃色或紅色，綠色的果實為尚未成熟的果實。

　　採收果實應使用鋒利的刀具切（剪）下果蒂，不可拉扯果實傷及樹皮。

沿主幹著生點
切下果實

不可拉扯果實
避免扯傷樹皮

採收後處理

果實採收後，需要剖開果實，將種子取出，並將種子外覆的果肉去除。

採收的果實不可存放超過 4 天，以免內部的種子發芽，發芽的種子被列為缺陷豆，是不具商品價值的，避免種子發芽的方法是採收成熟的果實，不要讓果實過熟，採收後儘快剖開果實進行後處理。

剖開果實

可可的果實外皮堅硬，厚度可達 1 公分以上，不易破損。

剖開果實的方法：

可用刀子砍擊果實中段寬大部位，再剖開果殼

將剖開的果實內的種子掏挖出來，放置在桶子（或袋子等容器）內，完成當天的果實開剖之後，儘速將集中的種子送到發酵處理場地。

　　掏挖出種子之後剩餘的果殼，應帶離開可可園現場進行堆肥處理，避免直接棄置在可可樹附近或可可園內，以免滋生的昆蟲影響園區內可可樹的健康。

可可豆發酵

可可豆發酵的目的與作用

　　可可豆是可可的種子，其外是一層厚厚堅硬的種皮，在一端有胚，其餘為種仁。可可豆從果實挖出來的時候外面還包裹一層厚厚的果肉，傳統去除果肉的方式是透過自然的發酵作用，讓微生物將果肉分解而去除之。透過微生物發酵分解的過程所產生的高溫與酒精及醋酸等物質，可以將種皮破壞，使胚死亡，同時會誘發種仁成分進行轉換，而產生不同的風味。

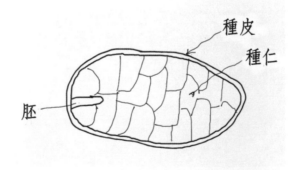

可可豆發酵的方法

　　可可豆發酵的方式在不同的生產國家有不同的方式，基本上分為堆置法與木箱法兩大類，堆置法屬於較粗放的方

式，以此法發酵的可可豆，品質較難掌握。木箱法則常見於小批次處理的可可豆，方便於品質的掌控。

堆置法

先在地面上挖一個淺坑，再以香蕉葉滿鋪土坑，以隔離可可豆與土壤接觸，再將由果殼取出的可可豆堆積成一堆，周圍再鋪上一圈香蕉葉，堆積好的可可豆再滿蓋香蕉葉。堆置發酵過程中，需要掀開香蕉葉，翻動可可豆，使其發酵均勻。

木箱法

以木板釘製方形的上開口箱子，箱子的底部留一些孔隙，以便讓發酵過程產生的發酵汁液排出

木板

排水孔

　　放入可可豆後，再覆蓋香蕉葉或是麻布袋，以確保表面的溫度不會過度受空氣影響，同時也可以保持濕度。

　　在一個箱子內的可可豆，原則上不可在該箱子停留超過兩天，必須要將豆子翻動到另一個箱子，因此可以利用高架堆疊式的箱子或是中間分隔式的箱子，以方便可可豆的搬動。

高架堆疊式的發酵木箱

中間分隔式的木箱

　　可可豆在發酵的過程中，可可豆的表面會由飽滿逐漸皺縮，豆子略為縮小，顏色會逐漸轉變成為黃褐色，一般人熟悉的巧克力味道也會逐漸產生，通常需要 6 天左右會完成發酵，讓可可豆表面的果肉分解完成。

可可豆乾燥

　　當可可豆表面的果肉都分解了，或是可可豆已經達到所需的發酵的程度後，就必須要將可可豆進行乾燥，乾燥的方式在日照充足的場所可以採用日曬法，如果在濃密的雨林中，有經常性的降雨或是缺乏充足日照的場所則可以採用烤乾法。

日曬法

　　可以將可可豆直接鋪在水泥地面上曝曬（或是採用與土壤表面隔離的一些材料，避免可可豆直接與土壤接觸），或是利用高床法。為防止降雨淋濕乾燥中的可可豆，可以考慮防雨措施。

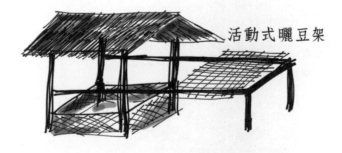

遮雨棚

活動式曬豆架

在曬乾的過程中，可可豆每日需要被翻動數次。

烤乾法

可以使用高架方型的加熱槽，將可可豆平舖在透氣的高床上，下方再施以熱源。操作過程必須注意翻動，以避免可可豆產生煙味。

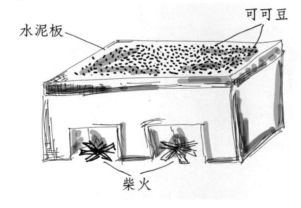

水泥板

可可豆

柴火

乾燥所需的時間依各地的狀況而有不同，一般約為7~10天。

國際交易一般以可可豆水分含量下降到 7.5% 為準。

篩選

可可豆曬乾後,需要進行篩選,將缺陷豆去除,缺陷豆
包含下列:

扁平豆

結塊豆

發芽豆（可可生豆在果實內已發芽，在曬乾的可可豆外觀表面可以觀察到乾燥的幼根）

發黴豆（表面會有潮濕的白或綠色菌絲）

破裂豆

石板色豆

透過採收成熟果實，適當的操作發酵過程，完成充分足夠的乾燥就可以得到高品質的可可豆。

可可豆的分級

　　可可豆在後續的加工過程，可以以固態形式的巧克力或是液態的可可飲料形式作為商品，配合不同的最終商品形式，可可豆的採購也會有不同的需求，為了要讓交易合理的進行，因此可可豆會配合商品交易的特性進行分級。

　　一批可可豆的優劣可以 (1) 豆子顆粒的大小或者是 (2) 缺陷豆的比例進行區分：

豆子顆粒大小

　　一般以 100 公克所含有的可可豆數目判定，國際標準組織 ISO 在 2014 年發布的可可豆規格標準 (編號 2415 號)，將可可豆的大小分為 3 級

分級	每一百公克可可豆粒數
大型豆 (large bean)	小於或等於 100 粒
中型豆 (medium bean)	介於 101 粒到 120 粒
小型豆 (small bean)	大於 120 粒

缺陷豆的比例

依照可可豆採收後的去除果肉的處理方式，可分為發酵法與非發酵法兩大類，在這兩大類中，再針對影響可可豆風味的主要缺陷豆種類在整批可可豆中的比例，可以分為不同的級別：

發酵法後處理豆

分級	發黴豆	石板色豆	破裂豆，蟲蛀豆及扁平豆三種缺陷豆加總
第 1 級	不得超過 3%	不得超過 3%	不得超過 3%
第 2 級	不得超過 4%	不得超過 8%	不得超過 6%

非發酵法後處理豆

分級	發黴豆	石板色豆	破裂豆，蟲蛀豆及扁平豆三種缺陷豆加總
第 1 級	不得超過 3%	超過或等於 20%	不得超過 3%
第 2 級	不得超過 4%	超過或等於 20%	不得超過 6%

裝袋保存

可可豆在乾燥後，通常會以麻布袋裝袋保存，保存的倉庫需要注意下列各點以避免可可豆品質劣變：

避免各類雜味以免被可可豆吸附，例如避免使用柴油動力的堆高機械。

同時要注意通風，避免濕度過高，造成可可豆發霉。

避免倉庫害蟲及鼠害。

第三章

第三章
巧克力工藝技術之科學基礎

引言

　　現代巧克力所帶給人們的印象是兼具柔滑與飽滿的口感，芬芳的香氣與甜蜜的味覺，半世紀以來，隨著健康概念的擴散，對於巧克力產品又增加了許多的要求。現代巧克力的產品主要來自歐洲，但歐洲人卻是在西元 1528 年由有「西班牙征服者」(Conquistador) 之稱的埃爾南‧科爾特斯 (Hernán Cortés)，將巧克力以飲料形式帶回西班牙才開啟了歐洲人對巧克力的認識與發展，在後續的歲月中，歐洲歷經了工業革命以及文藝復興時期所興起的科學發展，陸續將

發現的科學原理轉變為工藝技術，持續改進提升巧克力的風味與形式外觀，成為現今流行的主流產品。另外也結合殖民主義的發展，分割工業製程，逐步將分散於各殖民地可可豆原產地與位於歐洲巧克力最終產品製作工廠的生產體系，建立起一套的分工系統，導入巧克力工業的發展。近代更結合行銷，品牌的概念，進一步創造了現代可可／巧克力的產業鏈系統。

產生酒精與醋酸

　　巧克力的製作由原料的可可豆採收開始，經過發酵過程讓可可豆產生巧克力獨特風味的基礎化學成分，發酵過程的認識與調控是現代巧克力風味特色的基礎，發酵作用除了產生令人喜愛的特色之外，發酵過程所產生的兩種中間產物：酒精與醋酸，這兩者對可可豆在後製過程中的風味發展有相當大的作用，也對可可豆的儲藏有很大的影響，但是卻也給巧克力製品帶來不良的風味，因此必須在巧克力的製作過程加以排除。

　　發酵乾燥後的可可豆必須進行研磨，使之成為可可膏(cocoa liquour, 也稱為cocoa paste)，作為後續加工的原料，

在工業化的過程中，導入機器取代人工，使其成為工業化的原料，研磨的工藝技術也對巧克力與可可飲料的品質與風味產生了重大的影響。

可可豆的烘焙烤製對巧克力風味的發展也是非常重要的，了解烘焙過程的化學反應，對於巧克力的風味調控也是極具重要性的。

現代巧克力主要以塊狀形式出現，取其食用與攜帶的兩種方便性，進占了全球的消費市場，了解可可膏油脂結晶原理與隨之發展出來的調溫工藝技術是製作塊狀巧克力的基礎。對於巧克力風味的濃淡與口感的滑潤的調整性與產品的穩定性，可透過油脂分離技術分別取得可可固形物與可可脂，方便調控巧克力產品中可可固形物與可可脂的比例，而創造濃淡的風味與口感的滑潤程度。

如果沒有蔗糖結晶的技術生產出固態的甜味劑，塊狀巧克力也無法呈現迷人的甜味。而塊狀牛奶巧克力的製作則是需要乾燥奶粉的技術，馬雅人飲用可可飲料會加入辣椒香草等香料調味，現代的巧克力製品也多有添加各種香料，對於香料的使用也有很多值得關注的地方。本章節會對上述的各種科學原理與工藝技術加以介紹。

基本的巧克力製作工序流程如下：

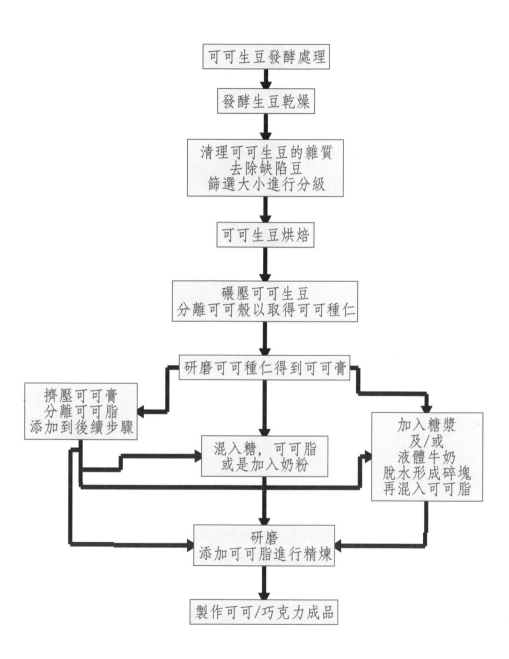

可可生豆發酵處理

發酵生豆乾燥

清理可可生豆的雜質
去除缺陷豆
篩選大小進行分級

可可生豆烘焙

碾壓可可生豆
分離可可殼以取得可可種仁

研磨可可種仁得到可可膏

擠壓可可膏
分離可可脂
添加到後續步驟

混入糖，可可脂
或是加入奶粉

加入糖漿
及/或
液體牛奶
脫水形成碎塊
再混入可可脂

研磨
添加可可脂進行精煉

製作可可/巧克力成品

可可豆發酵技術

可可豆是可可樹的種子，可可樹在樹幹上結出果莢，果莢內有5行縱列的種子，每粒種子分別被厚厚的果肉包覆，果肉為肉質的組織，成熟時果肉香甜，內含10~15%的糖分。如此高的含糖量可提供微生物良好的生長養分。打開採收下來的果莢，挖出包裹在厚厚果肉的種子後，果肉內的糖分

sugar 會被大氣中漂浮或是透過覆蓋香蕉葉進行人為接種的酵母菌進行分解，由於此時果肉組織仍完整，果肉內部的氧氣含量偏低，所以果肉內的糖分接觸酵母菌後進行厭氧發酵 (anaerobic fermentation)，把糖分子分解轉化成為酒精，果肉組織在這分解過程中脫水縮小，成熟的可可豆在此時也會進行發芽前的吸潤作用 (imbibition)，吸收周圍的水分，透過吸潤作用，酵母菌分解產生的酒精一部分被吸收滲入可可豆種子，另一部分則滲出到果肉外，接觸了空氣的酒精，就被醋酸菌作為受質，進行分解產生醋酸，所產生的醋酸，一部分又被吸潤作用吸收滲入可可豆種子內。先被吸潤作用

吸收進入可可豆內的酒精，會破壞可可豆細胞膜的半透性，造成細胞膜的穿孔，不僅方便位於細胞外的物質大舉進入細胞內，更會使細胞內的各種成分物質 (包含各種酵素及醣類，多酚類等等) 流出細胞外，當然最終就會造成細胞的死亡。發酵糖類所產生的酒精，在好氧環境下，被醋酸菌接力轉化成醋酸，所產生的醋酸，一部分也透過吸潤作用吸收。這些被吸收進入可可豆的醋酸會與可可豆細胞內的蛋白質成分進行化學反應，將蛋白質變性，使其失去原有的作用，這也就是在發酵過程中，可可種子被發酵過程所產生的酒精與醋酸聯合殺死的機制，酒精與醋酸除了殺死種子的胚組織之外，醋酸也提供一定程度的防腐功能，使發酵乾燥後的可可豆可以長期的保存。

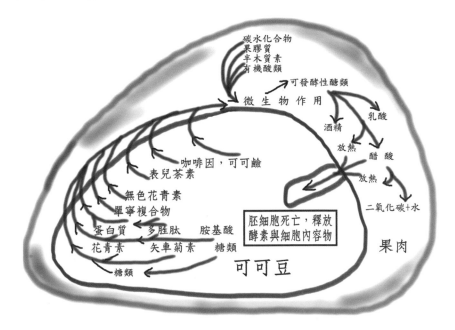

在可可豆發酵過程中，厭氧反應的酒精發酵作用是透過酵母菌來進行，從發酵初期即啟動，在發酵初期的 24-36 小時，酵母菌是主要的微生物菌種，大量將果肉的糖分轉化成酒精，同時也將果肉的 pH 值由 3.5 提升到 4.0 左右，pH 值的升高與果肉分解後所增加的通氣性，逐漸活化促進了乳酸菌與醋酸菌的活動，同時也抑制了酵母菌的活動，酵母菌在初期的發酵過程提高了 pH 值，將溫度提高到約攝氏 40 度左右，醋酸菌活動隨著 pH 值逐漸上升與氧氣逐漸增加，取代酵母菌變成主要的微生物菌種後，發酵的溫度可以提高到攝氏 50 度以上，醋酸菌的活動一直可以持續到可可豆發酵結束。

乳酸菌的作用主要在發酵後 48~96 小時間成為主要的微生物菌種，可將糖分及部分有機酸轉化成乳酸。

在發酵過程中，相對於果肉部分 pH 值是由 3.5 提升到 4.0，在可可豆內部的 pH 值變化卻因醋酸的吸收，由原本的 6.6 左右降低至 5.0 左右，所產生的 pH 值下降與轉變厭氧反應成為好氧反應，活化了許多酵素，這些酵素對於將可可豆各種內容物轉化成為巧克力風味化學成分的前驅物質是具有決定性的影響。發酵反應過程的溫度與通氣性差異就會決定發酵反應進行的程度與速度，因此也就造成了不同產地不同批次的可可豆風味的差異。充分了解與掌握這個發酵過程的變化，是有助於創造與調控可可豆的風味。

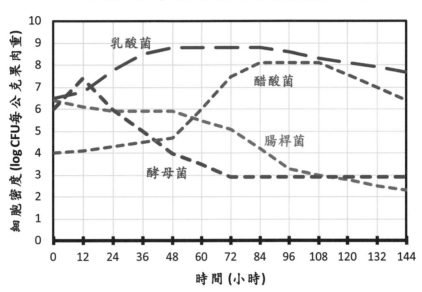

可可生豆發酵過程微生物相消長變化曲線

乳酸菌

醋酸菌

腸桿菌

酵母菌

細胞密度 (log CFU每公克果肉重)

時間 (小時)

可可鹼化技術 (alkalization)

　　可可豆經過發酵作用之後，所產生的醋酸會讓可可豆具有刺鼻的酸味，另外可可豆內部所含有的多酚類化合物，部分具有苦澀等刺激性，如果在發酵過程沒有充分地被氧化轉換，會造成可可成品不良的風味，如何減少這些令人不悅的酸味及澀味就變成是一個重要的課題。可可豆平均的含油率是介於 45%~55% 之間，使得研磨後的可可膏表面呈現一層油亮的光澤，由於油與水是不能互溶的，因此要讓可可膏與牛奶等含水的液體混合是很困難的，降低可可膏的含油量可以提高與水的溶解性。荷蘭的化學家同時也是巧克力商家萬豪頓 (Van Houten) 創辦人 Casparus van Houten Sr. 發明了簡易的人力操作的油壓設備，並在 1828 登記取得技術專利，這項技術與設備可以將可可豆的含油量降低一半，壓取分離油脂後，剩下的可可硬塊，可以研磨成粉狀，生產出低含油量的可可粉，這樣的低含油量的粉狀可可粉可以更容易與水混合。

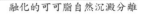

融化的可可脂自然沉澱分離

　　萬豪頓後來開發出將可可豆經過鹼化處理 (利用碳酸鈉 sodium carbonate 或是碳酸鉀 potassium carbonate 的化

學物質)後。再進行分離油脂的技術,可以將可可粉的酸性降低,減少可可的酸味,對於澀味的降低也有影響,提高了可可/巧克力的適口性,這種新的味覺與口感讓消費者更能接受,同時這種經過鹼化處理的可可粉,可以更容易溶解在水中。在1838年後萬豪頓的專利到期後,其他廠家爭相效法,因此現代就將經過鹼化處理與油脂分離的可可稱為荷蘭可可/巧克力 (Dutch Cocoa/Chocolate)。

可可的鹼化處理可以在下列四種階段或狀態下進行:

去殼的可可種仁 (nibs):
目前工業製程多在此階段進行鹼化處理,可可種仁會先以鹼水(碳酸鈉或是碳酸鉀)噴溼或是浸潤,可以加熱及/或加壓的系統也會進行加熱及/或加壓,以加快鹼化反應的進行速度,等候可可種仁的顏色轉變達到所需的程度,就會進行乾燥,進行後續的種仁烘焙。有些系統則是採取直接在滾筒式的烘焙機以鹼水噴濕種仁攪拌,待種仁的鹼化反應顏色變化達到所需的程度時,再進行乾燥與烘焙。

可可膏 (cocoa mass 也稱為 cocoa liquor):
在工業製程上,加入鹼水後,會造成可可膏黏度大幅的升高,將會使得後續的操作變得困難,對於可可膏的顏色改變也是相當有限的,添加了鹼水之後的另一個問題是增加了可可膏的含水量,要將可可膏的含水量降低,在工業製程上需要特

殊的設備來處理，過長的加熱時間也通常會產生其他不良的風味。

可可塊 (cocoa cake 也稱為 cocoa rock)：
未經鹼化處理的可可塊可以添加乾燥的鹼粉來提高 pH 值，
但是對於可可粉的顏色改變效果也是有限。

可可粉 (一般極少在此階段進行鹼化)

工業上主要是採取在去殼種仁階段進行鹼化處理，通常
會在滾筒式烘焙機倒入去殼種仁後，噴灑鹼水，加入的鹼水
量可以將可可種仁的 pH 值由 5.2~5.6 提高到 6.8~7.5，噴
施了鹼水之後就開始鹼化反應。鹼化反應進行的期間，會利
用低於攝氏 100 度的溫度，控制鹼化反應的進行。

經過鹼化處理的可可主要會產生下列四種改變：

提高酸鹼值：
　　在 pH 值會由 5.2~5.6 提高到 6.8~7.5。

提高可可粉的水溶性：
　　研磨後的可可粉溶解於水的程度可以提高。

改變可可粉的顏色：

　　未經鹼化處理的可可粉通常呈現黃褐色，經過鹼化之後，隨著鹼化程度的提高可可粉會逐漸變成褐色，紅色進而甚至黑色。

可可官能品評特性的酸度與刺激性會降低：

　　味覺酸度的降低與上述的 pH 值提高有關係，刺激性的降低到底是由何種化學反應達成，目前仍不清楚，但是根據檢測鹼化處理前後的多酚類化合物的含量與種類，目前推測是多酚類化合物 (polyphenolic compounds) 經聚合作用 (polymerization) 被轉化成酚類化合物 (phenoxides)，部分文獻顯示類黃酮化合物 (Flavonoids) 在鹼化過程中會被進一步聚合，這個與刺激性的降低相吻合，但是並不能確認與刺激性的降低是直接關聯的。

可可脂的分離

荷蘭萬豪頓公司所發明的可可脂分離技術是利用油壓裝置將研磨後的可可膏進行壓榨,他的目的是希望讓可可更容易與牛奶融合,利用他所發明的油壓設備可以將可可豆原有的含油率 45%～55% 壓榨降低到 20%～25%。

目前工業用的螺旋式榨油設備可以進一步將含油率降低到 10%～13%,如果還需要再進一步把可可脂全部分離出來,就必須要依靠溶劑進行萃取。

含油率 20%～25% 的高含油量可可粉通常是用來沖泡熱可可飲料,而低含油量 10%～13% 的可可粉則一般是作為烘焙原料使用。

可可膏/巧克力研磨技術

可可的種仁經過烘烤後，需要經過研磨才能成為膏狀物，馬雅人使用石板利用人工進行研磨，將可可種仁研磨成可可膏，加入水，香料，蜂蜜打發成飲料食用。西班牙人在打敗阿茲特克帝國後，將可可豆帶回歐洲，並將蔗糖加入可可飲料，後續隨著歐洲的工業革命，許多機械被發明來取代人工提高工作效率，時至今日各式各樣的機械陸續被應用到可可膏的研磨過程。受研磨的物質基本上可以分為脆性 (Brittle) 及非脆性 (non-brittle) 兩大類，可可豆屬於脆性物質，研磨設備依照研磨的原理可以分為四大類：

馬雅人磨豆石板

擠壓式 (crushers)
碰撞式 (media mills)
撞擊式 (impact mills)
氣流式 (Fluid energy mills)

去殼可可種仁經過不同形式的研磨設備研磨之後，種仁內含的可可固形物顆粒會變小，但是所碎裂而成的顆粒並不會是相同的大小，研磨碎裂的顆粒會呈現一種分布曲線，不同研磨設備、不同可可豆含油率、以及不同添加物的種類（如

糖、奶粉等)與數量會有不同的分布曲線,市售的巧克力商品通常呈現雙峰分布曲線。

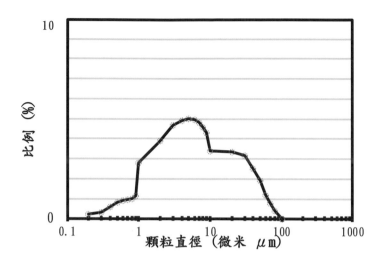

可可膏最終研磨的顆粒大小要小於 50~30 微米 (μm),在這樣的顆粒大小之下,人類的舌頭就不會感覺到顆粒性,而產生滑潤的感覺,只要能達到這個顆粒大小以下的設備都可以考慮使用,因此選擇設備的原則就是可以降低能源需求,提高時間效益。

可可豆表面包覆的是可可豆表皮組織(種皮)與發酵過程發酵物殘渣黏合而成的結塊物,筆者稱之為種殼 (shell),種殼與可可種仁的結構不同,為了要讓研磨順利,透過風選等機制確實地將可可種仁外覆的種殼分離乾淨是必要的措施。如果採收的可可果實過熟,可能已經有部分的可可種子開始發芽了,這些開始發芽的種子會產生胚根的組織,胚根

是比較硬的器官，會造成研磨的難度，因此對於這些存在的胚根在研磨前必須加以處理，胚根的比重較種仁大，通常可以利用風選系統處理分離胚根與種仁。

　　可可膏研磨完成，在後續的巧克力製作過程，可能會加入糖，也可能會加入奶粉進行進一步的研磨精製，這部分的操作，也需要將加入的糖及奶粉研磨到與可可膏相近的顆粒大小，否則巧克力成品仍會具有顆粒感。

甜味劑 -- 糖

　　現有市面上的巧克力商品普遍是甜味的，但是在可可樹的原鄉中南美洲，當地的印地安人，他們傳統的食用方式是將可可加入玉米再加入辣椒以及其他香料，加水再打發成泡沫態的飲料飲用，是統治階層主要的日常飲料，早期的印加帝國人飲用熱飲，後來的阿茲特克帝國人飲用冷飲。西班牙人將可可飲料帶回歐洲時，同時也將阿茲特克人所不知的蔗糖加入可可飲料中，因此後來在歐洲流傳的可可飲料是甜的。

　　西班牙人加入的甜味來源是蔗糖，根據季羨林先生中華蔗糖史的研究，人類歷史上最早有文字記載糖是印度的梵文sarkara據此推斷印度是最早發現與利用蔗糖，在歐洲語系的英文 sugar、法文 sucre、德文 Zucker 都有類似梵文的語音，根據在敦煌莫高窟藏經洞有一篇殘經寫卷背面寫著製造「煞割令」的方法，根據季羨林判斷，這是梵文 sarkara 的對音，因此推斷糖是在唐朝時期傳入中國，在蔗糖傳入中國之前，中國人是利用麥芽發酵製成飴，也就是現在的麥芽糖。

　　蔗糖的製作的方法主要是將甘蔗的莖榨汁之後，將甘蔗汁的水分蒸發而後形成結晶結塊而成的。在 1799 年德國科學家 Franz Karl Achard 發明了利用甜菜榨汁取得蔗糖結晶的方法，甜菜糖份的化學成分與甘蔗的結晶相同，都是葡萄

糖 (glucoase) 與果糖 (fructose) 兩種單醣化合而成的雙醣，
也就是蔗糖。

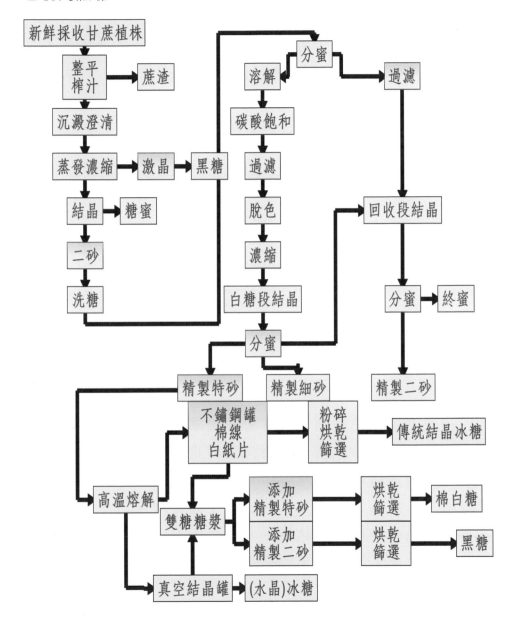

在由甘蔗或是甜菜榨取糖汁結晶製糖過程中，糖汁含有來自甘蔗或甜菜的其他成分（統稱之為雜質），這些雜質經過物理（提高濃度及結晶等）及化學方法（如添加石灰進行沉澱）將之與蔗糖分離之後，再經過脫色處理就可以讓蔗糖成為透明澄清的蔗汁，再進行結晶就會得到高純度的蔗糖。

目前市面販售的食用糖的蔗糖純度如下：

種類	蔗糖含量純度(%)
冰糖	99.9
白砂糖	99.5
紅砂糖（二砂）	98
金砂糖	90
霜糖	95
晶冰糖	99.5
紅糖（也稱黑糖）	88
棉白糖	97.9

高純度的冰糖是利用溶解白砂糖進行再結晶而取得，再結晶的過程會把白砂糖含有的少量的糖蜜再分離出來，因此上面的各類蔗糖商品不純的部分主要是糖蜜。糖蜜相對於蔗糖結晶，其吸水性比較強，是造成結晶糖潮解的主要原因，糖蜜含量越高，結晶糖就越容易潮解，另外在味覺上，糖蜜食用後容易產生回酸反胃的現象，對於巧克力的口感會有不良的影響。糖蜜含量越高，在製作塊狀巧克力時也容易影響結塊後的硬度/脆度。

添加蔗糖調整巧克力甜味時，可以先把糖磨成細粉狀再與可可膏混合，進行後續混合磨製，或者也可以維持糖的結晶狀，讓結晶糖與可可膏混合再繼續研磨，混合結晶糖與可可膏一起研磨，由於在研磨的過程中，糖的結晶會被磨碎，這些細碎的結晶碎片，此時會產生更多的表面積，體積越小表面積越多的狀態之下化學反應的進行速度也會越快，基於這個理由，部分學者推測可能這些新生成的細碎結晶糖碎片會進行一些物理／化學反應，可能是會吸附可可膏原本的香氣分子，或是將可可膏研磨過程所產生的新的化合物，吸附在這些新產生碎片的表面，因此可讓巧克力的製成品風味更豐富，但是目前尚無科學證據可支持此一說法。

　　甜味劑除了來自甘蔗與甜菜的蔗糖之外，蜂蜜，楓糖等也是人類常用的甜味劑，但是這兩者含有較高的水分，蜂蜜經過蜜蜂採集以及經其唾液分解後，原本花蜜中所含的蔗糖多被分解為葡萄醣與果醣，葡萄醣 (glucose) 與果醣 (fructose) 是組成蔗糖 (sucrose) 的成分單醣。楓糖的成分也是以蔗糖與水為主，去除水分之後的脫水楓糖其所含的成分就以蔗糖為主了。

　　這些天然的甜味劑經過人工純化，基本上是巧克力目前主要的甜味調味劑，也是人類飲食中一個重要的熱量來源，但是 1970 年代以後，糖尿病變成一個人類流行的重要疾病，經由對糖尿病深入的研究後，不只讓世人瞭解糖尿病與飲食

的關係，也促成了整體健康意識的抬頭，加強了對熱量與蛀牙等議題的研究與對策的研發，因此陸續有許多替代性的甜味劑上市，其中最有名的就是俗稱糖精的 Saccharin 以及俗稱代糖的阿斯巴甜 Aspartame，在經過評估後，目前已經被廣泛應用在巧克力商品的製造上。目前眾多應用在巧克力的蔗糖替代性甜味劑依據其來源可分成天然提煉與人工合成兩大類，以下各列舉數種常見的甜味劑：

1. 人工純化天然提煉甜味劑：
- 赤藻糖醇 Erythritol
- 果糖 Fructose
- 半乳糖 Tagatose
- 乳糖醇 Lactitol
- 麥芽糖醇 Maltitol
- 山梨糖醇 (葡萄醣醇) Sorbitol
- 甜菊糖 Stevia
- 木糖醇 Xylitol
- 甘露醇 Mannitol
- 果寡糖 Inulin

2. 人工合成甜味劑：
- 阿斯巴甜 Aspartame (商品名 Sweet'N Low)
- 異麥芽酮糖醇 (巴糖醇) Isomalt
- 紐甜糖 Neotame
- 糖精 Saccharin
- 蔗糖素 Sucralose(商品名 Splenda)

這些替代性甜味劑的使用可以就下列四點探討；

1. 相對於蔗糖提供甜味的能力

天然及人工合成甜味劑相對於蔗糖的甜度

種類	相對甜度
蔗糖 Sucrose	1.0（基準）
木糖醇 Xylitol	1.0
果糖 Fructose	1.2
麥芽糖醇 Maltitol	0.8
山梨糖醇（葡萄醣醇）Sorbitol	0.6
甘露醇 Mannitol	0.6
異麥芽酮糖 Isomaltulose	0.5
異麥芽酮糖醇（巴糖醇）Isomalt	0.45
乳糖醇 Lactitol	0.35
甜菊糖 Stevia	200~300
阿斯巴甜 Aspartame	200
糖精 Saccharin	300~400
紐甜糖 Neotame	7000~13000
蔗糖素 Sucralose(商品名 Splenda)	300~1200

2. 相對蔗糖的熱量

歐盟與美國公告之各種醣類的熱量 (卡洛里含量)(kcal/g).

種類	歐盟 (大卡 / 公克)	美國 (大卡 / 公克)	其他參考資料
蔗糖 Sucrose	4	4	
麥芽糖醇 Maltitol	2.4	2.1	
乳糖醇 Lactitol	2.4	2.0	
異麥芽酮糖醇 (巴糖醇) Isomalt	2.4	2.0	
山梨糖醇 (葡萄醣醇) Sorbitol	2.4	2.6	
木糖醇 Xylitol	2.4	2.4	
半乳糖 Tagatose	未公告	1.5	
赤藻糖醇 Erythritol	未公告	0.2	
聚葡萄糖 Polydextrose	1.0	1.0	
果寡糖 Inulin	1.0	未公告	
甜菊糖 Setiva			蔗糖的 1/300
阿斯巴甜 Aspartame			4
蔗糖素 Sucralose(商品名 Splenda)			0

.

3. 對於糖尿病議題則在於血糖升糖反應 (glycemic response) 的程度

糖尿病患者其主要的血液生化反應呈現在血糖的大幅度震盪無法正常快速的穩定平衡，尤其是在食用蔗糖之後，血糖會快速的升高，造成患者的不舒服的反應，因此許多替代

蔗糖的甜味劑（天然提煉以及人工合成）都強調其對血糖的升糖反應較低，因此相對於蔗糖，這類低升糖反應的甜味劑，經常就被建議給糖尿病患者食用。各種常見的甜味劑其升糖反應數值及糖尿病患者適用性，可以參見下表。

4. 相對於蔗糖對於蛀牙發生的程度

人類口腔中有許多微生物，這些微生物會將蔗糖分解而產生酸性的物質，這些酸性物質會侵蝕牙齒，造成蛀牙的現象，因此許多甜食愛好者常有蛀牙的現象。非蔗糖的甜味劑（包含天然提煉或人工合成）都不會被人類口腔的微生物分解，就不會產生酸性物質，因此就不會產生蛀牙的現象，請參見下表。

各種甜味劑血糖升糖反應 (glycemic response)，糖尿病患者適用性及蛀牙誘發性

甜味劑	血糖升糖反應 蔗糖反應值為 100	糖尿病患者適用性	蛀牙誘發性
麥芽糖醇 Maltitol	34	可用	不會誘發
乳糖醇 Lactitol	2	可用	不會誘發
異麥芽酮糖醇 (巴糖醇) Isomalt	4.7	可用	不會誘發
山梨糖醇 (葡萄醣醇) Sorbitol	<5	可用	不會誘發
木糖醇 Xylitol	8	可用	極不會誘發
半乳糖 Tagatose	3	可用	不會誘發
赤藻糖醇 Erythritol	0	可用	不會誘發
果寡糖 Inulin	4	可用	不會誘發
甘露醇 Mannitol	<5	可用	不會誘發
果糖 Fructose	19	可用	會誘發

(參考雪梨大學血糖升糖研究中心 Sydney University Glycemic Research Service 2001 及 2004 年發布的資料，Foster-Powell 等人 2002 年及 Cerestar 2004 年的文獻資料)

　　相對於蔗糖製成品 (如黑糖，紅糖，砂糖，冰糖等)，其他的甜味劑由上列表中，可以發現其相對的甜度及卡洛里熱量都與蔗糖有相當的差異，甜度高的甜味劑在達到相同的甜度條件下，其相對的用量與熱量就會較低，因此通常使用這些非蔗糖的天然甜味劑或人工合成甜味劑都會在包裝袋上標

示"無添加蔗糖"、"無蔗糖"、"糖尿病可食"、"低卡洛里"、"低升糖指數"或是"低熱量"的標語。

使用其他甜味劑替代蔗糖可以達到降低熱量，降低血糖升糖反應的效果，但是在口感上也會有些差異，因此仍有許多市售的巧克力選用蔗糖作為甜味劑。使用其他甜味劑在工業製程上也有一個特別需要注意的，就是這些替代蔗糖的甜味劑的熔點，因為在高溫的情況下，各種蔗糖替代甜味劑熔解後，如果其中含有結晶水，這些結晶水在熔化後，就會被釋放出來，可能會使巧克力產生團塊結構，尤其是在精煉(conching) 的過程，特別要注意溫度的控制。

常見巧克力甜味劑的熔點

甜味劑	熔點 (攝氏℃)
蔗糖 Sucrose	185~186
麥芽糖醇 Maltitol	147
乳糖醇 Lactitol	94~100
異麥芽酮糖醇 (巴糖醇) Isomalt	145~150
山梨糖醇 (葡萄醣醇) Sorbitol	92~96
木糖醇 Xylitol	92~96
半乳糖 Tagatose	133~137
赤藻糖醇 Erythritol	126
聚葡萄糖 Polydextrose	125~135
甘露醇 Mannitol	165~169

針對使用的甜味劑是否含有結晶水，工業製程採用傳統巧克力精煉 (Conching) 的技術與設備的條件下，設定的精煉最高溫如下表：

使用各種甜味劑採用傳統巧克力精煉 (Conching) 技術設備的最高溫

甜味劑	攝氏℃
果糖 Fructose (無水)	40
山梨糖醇 (葡萄醣醇) Sorbitol (無水)	40
木糖醇 Xylitol (無水)	50
異麥芽酮糖醇 (巴糖醇) Isomalt	40
異麥芽酮糖醇 (巴糖醇) Isomalt (無水)	80
麥芽糖醇 Maltitol	80
乳糖醇 Lactitol	60
乳糖醇 Lactitol (無水)	80

奶粉

　　牛奶的成分相當複雜，因為牛奶的內容物會受到牛的品種，年齡，營養狀況，餵養的飼料與季節的影響，其成分組成都會受到改變而有不同。一般平均的牛奶成分，含有 13.5% 的固形物，其中 3.4% 是蛋白質，4.6% 是脂肪，4.7% 的乳糖以及 0.7% 的礦物質。

　　目前市售的巧克力以牛奶巧克力為大宗，一般消費者偏愛這種具有牛奶香味的甜味巧克力產品。這種塊狀的牛奶巧克力是在西元 1875 年由瑞士的巧克力工藝師 Daniel Peter 創造出來的。他是利用英國人 Joseph Fry 在西元 1847 年把可可脂加回可可粉後製模所發展出來的塊狀巧克力技術上，加入奶粉先研製出牛奶巧克力碎塊 (milk chocolate crumb)，而後再接再厲製作出塊狀牛奶巧克力。當時他所使用的奶粉是由瑞士的雀巢公司生產的。追溯奶粉的製作，現代奶粉的生產技術是西元 1802 年由俄國的物理學家 Osip Krichevsky 發明，後來陸續發展出工業的製程，包含真空乾燥技術等，目前主要以噴霧乾燥技術為主，結合油脂分離技術，並整合乳酪生產的工業化，生產出琳瑯滿目的產品。目前一般大眾熟悉也可取得的奶粉商品種類主要可分為全脂奶粉與脫脂奶粉。應用在工業巧克力生產上的奶粉製品包括全脂奶粉，脫脂奶粉，牛奶碎塊 (milk crumb) 等為主。

使用牛奶製作巧克力，有兩個主要的問題要克服，一個是牛奶含有大量的水分，要製成接近零含水量的塊狀巧克力是非常大的挑戰。為了克服這個問題，目前工業製程是利用牛奶碎塊 (milk crumb) 或是利用奶粉來添加到可可膏。解決了水分含量過高的問題，下一個問題就是牛奶所含有的脂肪與可可脂的化學特性並不相同，牛奶所含的脂肪就是所謂的奶油，奶油的化學成分也是非固定組成的化學混合物，是受到生產奶油的牛隻的生物特性的影響，與可可脂同樣具有不穩定與非固定的特質。奶油的固化特性與可可脂也有很大的差異，奶油相較於可可脂是比較軟的，在室溫條件下，奶油固化的比例也遠低於可可脂，下圖顯示在攝氏 25 度時，可可脂有超過 70% 的脂肪是呈現固態，而奶油只有低於 15% 的脂肪是呈現固態的。

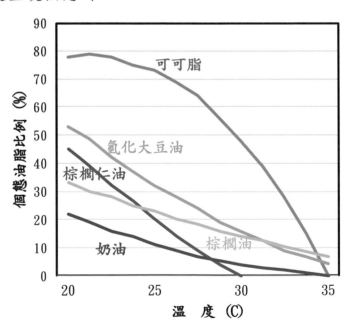

因此在製作固體塊狀巧克力所需要的結晶反應以及後續的調溫溫度設定，都會因為可可脂與奶油兩者的來源以及兩者混合的比例而有很大的變化，這些都會對工業製程的開發形成挑戰。下表列舉用於糖果產業常用的不同奶粉的奶油平均含量供參考。

類別	蛋白質 (%)	油脂 (%)	乳糖 (%)	礦物質 (%)	含水率 (%)
無水奶油	0.0	99.9	0.0	0.0	0.1
脫脂奶粉	33.4	0.8	54.1	7.9	3.8
全脂奶粉	25.0	26.8	39.1	5.8	3.3
牛奶碎塊	7.6	31.0	7.9	1.7	1.3

　　由上表可見脫脂奶粉的奶油含量是最低的，只有 0.8%，使用脫脂奶粉製作塊狀牛奶巧克力是可以減少處理塊狀巧克力結晶及調溫的問題。使用不同奶油含量的奶粉會改變巧克力成品的脂肪比例，會改變結晶溫度，對巧克力的脫模性，成品表面的光亮度以及脆度，以及油斑花 (fat bloom) 的發生也都會有影響。

乳化劑 Emulsifier

　　商品化的巧克力產品在其成分表中，通常會顯示有添加卵磷脂 (lecithin)，有的產品也會顯示有 polyglycerol-polyricinoleate (PGPR 交酯化篦麻酸聚合甘油酯)，卵磷脂與 PGPR 在巧克力製程中是作為乳化劑，提供油脂與固形物穩定混合的功能。因為這兩種物質具有界面活性劑的功能，可以將固相及液相的物質連結，使固相與液相分子混合均勻。目前卵磷脂主要是由大豆的細胞膜分離提煉出來，而 PGPR 則是由甘油與篦麻油脂肪酸分別經人工高溫處理轉化後再混合而成。卵磷脂與 PGPR 在化學分子結構上同時具有親水性 (hydrophilic) 與疏水性 (hydrophobic) 的官能基，可以讓混合但不相互融合的疏水性成分與親水性成分有較好的融合度。巧克力在製作過程加入了糖，奶粉及其他成分後，這些非油脂的固形物與融化的可可脂、奶油等油脂類分子在介面處會產生一定的摩擦張力，卵磷脂這類的介面活性分子可以減少這個摩擦張力，讓巧克力成品的滑潤度提高。此外這些外加的成分可能帶有一定的水，造成可可脂與奶油脂肪無法與這些水相融合，而造成團塊現象，這些團塊一方面提高了黏度，增加操作的困難度，另一方面影響口感等官能品質，也容易在後續儲藏保存階段產生油斑花 (fat bloom) 及糖斑花 (sugar bloom) 的現象，基於這些原因，在現代的工業巧克力製程，普遍會加入卵磷脂與 PGPR 等作為乳化劑，這兩者的加入量通常在 0.5% 左右。

香料及調味劑

傳統馬雅文明的可可飲料是熱飲，後繼的阿茲特克帝國則偏好冷飲，但是他們喝的可可飲料通常會混合辣椒與研磨的玉米，也會加入南美出產的小豆蔻 (cardamom)、肉桂及香草等香料。現代工業製程的巧克力也常見各式香料的成分，英國人對香料比較不偏好，英國的巧克力香料就較少，西班牙人對香料情有獨鍾，因此其香料的使用就較廣泛。

在工業製程中，除了應用香料做為調味劑之外，鹽也是另一個巧克力製品常見的成分，因為基本上鹽與香料都可以改變巧克力的風味，或者是可以掩蓋修飾一些不良的風味，或是可以強化提升比較微弱的特殊優良風味，例如少量的鹽 (0.06～0.12%) 添加到巧克力，可以降低巧克力的苦味，提高巧克力各種味覺的明確度，包括讓甜味鮮明活潑 (不死甜) 等。

其他香料的添加，工業製程中常見使用香料原物料或是萃取物，現代食品工業則會使用人工合成的香精，以香草 (vallina) 的應用為例，在工業製程中有些使用天然的香草籽，或是使用香草莢的浸泡萃取物，使用來自天然的香草就可以標示香草 (vallina)，另一類的則是使用人工合成的香草精 vanillin，香草精的用量通常在工業製程上為 0.03%～0.12%，人工合成的香草精有分成兩種：香草醛

(methyl vanillin) 以及乙基香草醛 (ethyl vanillin)，兩者都是經由人工提煉合成的，都含有天然香草籽的主要香氣的化學成分，在提煉合成的過程中，純化了這個主要香氣化學成分，因此就單一的香草香氣而言確實比天然的香草籽還要具有香草味，乙基香草醛的強度又比香草醛強上 3 倍。相對地，天然香草籽除了提供香草的香味之外，還可以調和巧克力製品成分內的其他香氣滋味，讓巧克力風味更深沉豐富，韻味持久，這是人工合成的香草精所無法比擬的。

使用這些天然的香料或是人工合成的香精，在工業製程上都會盡量延後到最後才添加，其主要的原因是避免香氣揮發掉。

巧克力精煉 Conching

現代巧克力工業製程大多會包含精煉 conching 的程序，這個程序是瑞士巧克力商 Lindt's 在 1879 年無意中的一個操作失誤，發現巧克力膏在石磨機上經過較長的時間研磨攪拌，可以讓巧克力成品的口感變得滑順，這與當時其他的塊狀巧克力產品所呈現的顆粒感是有天壤之別的，因此當時一般人還是喜歡巧克力以飲料的形式飲用，但是 Lindt's 發現了這個意外的錯誤，他以此發展出新的製程，後來開發出來

的產品成為市場的重要品牌，也讓塊狀巧克力取代可可飲品成為市場的主流。

巧克力精煉有兩大作用：

進一步降低巧克力刺激性的醋酸味

　　巧克力的來源可可豆在發酵過程所產生的醋酸會深入可可豆的組織細胞內，在可可豆的處理過程中，包含烘焙及研磨等處理程序，應該要盡量去除這些令人不舒服的味覺成分，去除可可膏醋酸成分的主要原則就是透過溫度的提高讓醋酸揮發掉，或是添加鹼性物質進行鹼化處理將醋酸中和。醋酸的沸點是攝氏 118.1 度，在加工處理可可豆以及可可膏的過程中的任一個程序，只要有較高的溫度都有助於醋酸的揮發，由於醋酸在發酵過程已深入細胞組織中，過高的溫度可能會使可可豆／可可膏產生燒焦味等更糟糕的風味，因此對於溫度的掌控是非常重要的，但是在加工過程溫度過低，未達到醋酸的沸點，就必須要花很長的時間才能使醋酸揮發，因此巧克力精煉的作用之一就是透過長時間的研磨來促進醋酸的揮發，所以讓醋酸揮發的時間長短又會受到研磨期間的溫度影響，研磨期間的溫度越高，醋酸揮發所需的時間就越短。精煉的時間長短與溫度高低是需要同時考慮的。

提高巧克力膏的流動性

　　工業製程上，可可膏的研磨是利用快速的滾筒研磨，可可膏的顆粒性仍然很明顯，可可膏通常會再添加糖以及奶粉等配方成分再一起攪拌研磨，製成巧克力膏，在工業巧克力的配方中，添加糖及奶粉後，巧克力膏含有的可可脂的比例約在 1/3 左右，其他的成分就是可可的固形物，糖以及奶粉等固形物，因此在融化的巧克力膏中提供流動性就靠融化的可可脂，巧克力膏中的固形物，這些小顆粒的固形物，會聚集成團塊 (agglomerate)，這些團塊過多過大就會影響巧克力膏的流動性，透過研磨可以將這些固形物所聚集形成的團塊打散，讓油脂包覆每一個小顆粒的固形物，可以提高巧克力滑順的口感，同時也可以讓巧克力膏更容易在巧克力模子中流動，便於操作。工業巧克力製程中，另一種提高巧克力膏流動性的方法，是在精煉過程中添加卵磷脂之類的乳化劑。

　　巧克力精煉可以排除醋酸等不良的風味，增加巧克力滑潤的口感，但是對於其他的不良的風味，例如焦味、霉味等，精煉並無法改善這些不良的風味。

巧克力調溫 Tempering

塊狀巧克力的商品通常會需要達到「只融你口,不融你手」的標準,如何讓製程中的呈現流體狀態的巧克力膏變成塊狀,其關鍵點就是讓巧克力膏中的溶化而呈現流動狀態的可可脂凝固,這就是所謂的可可脂結晶 (cocoa butter crystallization)。可可脂是一種天然的成分,它是由數種不同的可可油脂化合物混合而成,因此可可脂可以在數個不同的溫度進行結晶而凝固。

1966 年兩位學者威利 Wille, R.L. 和盧騰 Lutton, E.S. 發表的研究論文提出可可脂有六種結晶溫度,分別命名為第一型到第六型,各種結晶型的結晶溫度如下表:

結晶型名稱	攝氏度 °C	華氏度 °F
第一型 Form I	17.3	63
第二型 Form II	23.3	74
第三型 Form III	25.5	78
第四型 Form IV	27.5	82
第五型 Form V	33.8	93
第六型 Form VI	36.3	97

人體的體溫在手部通常低於攝氏 30 度,口腔的溫度通常高於攝氏 30 度,由兩位學者的研究結果,可以發現第五型及第六型的結晶型是可以符合的標準,巧克力如果採用第六型結晶,就需要比較長的時間才能凝固,同時凝固之後的

巧克力非常堅硬，不容易在口中融化，因此目前業者主要採用第五型結晶進行調溫。

　　配合「只融你口，不融你手」工業化塊狀巧克力的品質標準，調溫的操作原則如下：

- 讓巧克力升溫到設定的溫度以上，讓巧克力中所有的可可脂結晶全部溶化
- 然後降溫到可可脂開始結晶的溫度
- 進行結晶
- 然後再逐步升溫把不要的結晶融化

　　上表所列第一型到第六型的結晶溫度是理論值，在工業製程實務上會因為巧克力的配方，例如牛奶巧克力與黑巧克力的調溫條件設定就不同，同樣都是黑巧克力也會因為油脂比例（油脂與固形物的比例，以及油脂內可可脂與其他油脂的比例等等的差異而有所不同），一般常見的工業製程配方的牛奶巧克力與黑巧克力的調溫操作如下

調溫操作目的與順序	牛奶巧克力	黑巧克力
1. 升溫融化所有油脂結晶的溫度	50℃	52~53℃
2. 降溫開始進行結晶的溫度	27℃	29~30℃
3. 再升溫融化掉不要的結晶	30~32℃	32~35℃

上表所列的溫度僅供參考，因為在工業製程中，使用的調溫機械設備與巧克力的配方都會影響調溫三個階段的溫度的設定。

　　根據對可可脂內的三酸甘油脂類化合物的結晶特性的研究，歐洲的 Loders Croklaan 油脂公司於西元 1991 年提出晶種法 (temper by seeding) 的巧克力調溫技術，該技術是以預先調溫好的巧克力作為晶核，加入到未調溫的巧克力膏中，讓可可脂以調好溫的巧克力結晶為核心聚集結晶，進行快速的調溫操作，如此可以節省調溫所需的設備與時間，該公司也取得這種技術的專利。

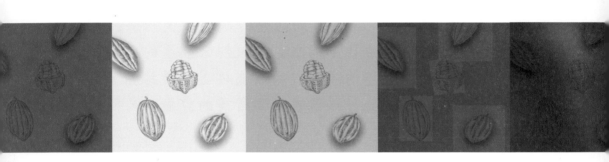

第四章

第四章
手工巧克力製作技術與原理

背景說明

目前市面上銷售的巧克力，一大部分是直接在工廠製作完成的成品，陳列在賣場直接販售，另一類則是所謂的手作巧克力工坊 (workshop) 製作完成而銷售的，這類手作巧克力工坊的原料來源則主要是來自工廠製作的半成品，如一般大眾可以在烘焙材料行購買的巧克力原料磚或巧克力鈕扣 (chocolate button)。

工業化巧克力產品有下列幾個特點：

· 產品數量龐大，貨源充足
· 價格低廉

- 保存期限長
- 包裝精美
- 口味濃烈
- 成分標示符合法規
- 生產廠商具有足夠商譽
- ……

　　工業化巧克力產品為了維持其商品的品質，對於調控可可豆原料的品質，製作的流程上是必須要將不同產地與產期來源的可可豆進行併堆，或是調和其他的植物油脂等技術以維持均一的特性，對於製成品的甜味，滋味，口感及香氣的掌控，使用人工合成的添加劑可以更容易調控，同時又符合經濟原則，這是近百年來透過科學研究獲得知識，再整合各式機械設備的現行工業化巧克力生產模式。

　　近年來眾多的食品安全事件，以及消費者意識抬頭，人工合成添加劑的使用在二十世紀末期開始受到各國政府的管制與規範，消費者也興起對食材了解的興趣，有許多追求原食材與真食物的活動與運動在世界各地展開。許多巧克力的愛好者也開始購買半成品，再自行製作成品，只是目前大多數半成品仍是工業化產品，事實上與所謂的原食材真食物的理念相差很大。

　　作者在搜尋相關技術設備進行手工巧克力製程研究開發的過程，發現市面上的巧克力製作設備都是大型的工業化設備，並沒有小型家用或是店面用的製作設備。另一方面，更

重要的可可生豆原料，其取得的來源管道也非常非常有限，台灣本地的進口商並不進口可可生豆，只進口可可膏，可可脂，可可粉等半成品。經過多方考察與推敲，推測這是經過二十世紀下半世紀，全球產業進行資本擴張，併購風潮之下，原物料，技術，專利與設備逐漸集中，最後就整併成為目前的幾個跨國大企業，小型的製作設備就逐漸被淘汰，而跨國大企業掌控可可豆原物料，小量可可生豆的取得就越來越困難。

工業巧克力製程是由可可生豆開始，所採用的乾燥可可生豆帶有許多缺陷瑕疵豆，部分是未成熟豆，部分豆子則是發酵程度不適當，還有就是可可豆的大小均勻度不一，如果未進行分級篩選處理，直接進入工廠進行烘焙處理等製程，為了達到商品品質，就必須使用各種技術與添加劑。所以在源頭上可可生豆的掌控是非常重要的。手工巧克力的製作由可可生豆的挑選與烘焙階段開始，對消費者是有非常重要的意義，因此在手工巧克力的製作上，筆者認為必須要由可可生豆的階段就開始掌握。對於可可生豆的外觀分級，缺陷豆的判別等，都要有所認識才能確實做出好的成品。

對於目前缺乏家用／店面用的小型巧克力製作設備的部分，作者陸續測試國內外多種家用的電器設備，結合科學原理，調整製作技術，而發展出適合家用的小型巧克力製程技術。這些測試的家用級電器產品並非專為製作可可巧克力而

開發的，因此在使用上多所不便，因此本章節在解說筆者所開發的小型手工巧克力技術部分，會以技術手冊的形式呈現，避免集中在描述特定廠牌設備的操作細節，這個目的主要是企盼有專用的小型（家用）的可可巧克力設備能問世。除了期盼有專用設備的開發之外，另外一個重要的目的與原因：要轉變目前手工巧克力集中在末端的造型技術鑽研，提升進入到創新巧克力風味的開發挑戰，這部分需要專注在巧克力師 (chocolatier) 個人的味覺嗅覺等感官能力的投入，以便能從可可原豆的挑選就開始全程掌握最終巧克力成品的風味。透過巧克力師感官能力的介入，可以決定各個巧克力製程階段的啟動與調控，因此具有基本機械化的基礎設備協助其實都已足夠，並不需要過度智能化的先進設備導入，能夠由生豆階段就進行巧克力風味的調控，才是手工巧克力的精髓。

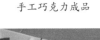
手工巧克力成品

常見巧克力原料

精工巧克力原料--原食材

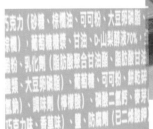

手工巧克力成品

手工巧克力的製程大綱

　　筆者所開發的手工巧克力製程是由可可生豆的取得開始，一路製作到塊狀巧克力成品，這就是所謂的 bean to bar 的手工巧克力。在製作的過程，以健康衛生為目的。

　　整個製程的段落分為：

- 可可生豆挑選
- 可可生豆去殼
- 可可種仁烘烤
- 可可膏研磨
- 可可膏調味
- 巧克力成品製作

　　以下分別以圖示說明每個製程段落。

可可生豆挑選

可可生豆挑選原則說明請參閱 121 頁 ～ 130 頁

可可生豆去殼

可可生豆去殼說明請參閱 131 頁 ～135 頁

可可種仁烘烤

可可種仁烘烤說明請參閱 136 頁 ~138 頁

可可膏研磨

可可膏研磨原理與注意要點說明請參閱 139 頁 ～140 頁

可可膏調味

可可膏調味原理說明請參閱 141 頁 ~ 147 頁

巧克力成品製作

巧克力成品製作注意要點請參閱 148 頁 ～151 頁

製程說明及注意事項

可可生豆的挑選可以從下列三方面著手：

- 亞種與產地
- 豆粒大小
- 缺陷豆剔除

至於採收後的發酵處理，由於未發酵處理的可可豆在風味及油脂特性都不好，因此對於手工巧克力的製作，建議採用發酵處理的可可豆。

亞種與產地

可可生豆可分為可里歐羅 Criollo 及佛瑞斯多 Forastero 等兩個亞種，以及這兩個亞種的天然雜交種：千里達 Trinitario。其中可里歐羅的風味變化較大，具有花香、果香、堅果等豐富的風味但產量較低，佛瑞斯多則是具有一般人所熟悉的巧克力味為主，其他的特殊風味很少見，但產量較高。千里達雜交種則是介於可里歐羅與佛瑞斯多兩個亞種之間，風味與產量都介於其間。可可樹經過近代農業的栽培改良，在上述的兩個亞種及它們的雜交種，陸續都開發出許多適合各個產地的品種，以便適應各個產地的特定的病蟲害與氣候條件，如此可以提高產量與減少農藥及肥料的使用，這些品種也各具有風味特色，但是目前國際上銷售的可可豆並未針

對品種進行銷售,因此建議目前仍以亞種結合產地的層級選購可可豆為主。為了創造巧克力豐富的氣味與滋味,避免使用人工香精等化學合成調味物質,建議選用克里歐羅或千里達的可可生豆。一般可里歐羅與千里達的可可生豆在國際間被分類為「優良風味型」fine and flavor cocoa,跨國的可可國際組織 ICCO, International Cocoa Organization 在 2016 年發布的資料中,認定目前全球可可出口國有 23 國的可可豆屬於「優良風味型」,這些國家屬於這種優良風味型的可可豆佔其年出口量的比例分別如下表

國別	優良風味型佔各國出口比例
Belize 貝里斯	50%
Bolivia 玻利維亞	100%
Colombia 哥倫比亞	95%
Costa Rica 哥斯達黎加	100%
Dominica 多明尼加	100%
Dominican Republic 多明尼加共和國	40%
Ecuador 厄瓜多爾	75%
Grenada 格瑞那達	100%
Guatemala 瓜地馬拉	50%
Honduras 洪都拉斯	50%
Indonesia 印尼	1%
Jamaica 亞買加	95%
Madagascar 馬達加斯加	100%
Mexico 墨西哥	100%
Nicaragua 尼加拉瓜	100%
Panama 巴拿馬	50%
Papua New Guinea 巴布亞新幾內亞	90%

Peru 祕魯	75%
Saint Lucia 聖露西亞	100%
São Tomé and Principé 聖多美	35%
Trinidad and Tobago 千里達	100%
Venezuela, Bolivarian Rep. of 委內瑞拉	100%
Vietnam 越南	40%

豆粒大小與外觀

可可豆的大小受品種，產地，可可樹的樹齡以及當年的降雨病蟲害等條件影響，生長條件越好的可可豆會長得越大粒，越大粒的可可豆，內容物就越充足，可可的風味及油脂的含量就越高，品質就越好。

一般而言，可里歐羅的種子較大型，每粒種子通常大於一公克，佛瑞斯多的種子較小型，每粒種子通常小於一公克，千里達的種子則介於其間。

可里歐羅

佛瑞斯多

建議選擇大於一公克的可可豆。可可果實是橢圓形的，可可豆在果實的部位不同就會有不同的形狀，在果實的中段部位，豆子的中圍會較寬，豆子的橫切面會偏向呈現橢圓形，而在果實的頭尾兩端的豆子，由於在橫切面的面積較果實中段小，豆子較擁擠，頭尾兩端的豆子的中圍會較小，豆子的橫切面會偏向圓形，這兩類外型的豆子都是可用的，只要在外觀上選擇飽滿肥厚的豆子即可，因為肥厚飽滿的豆子在生長發育過程是正常的，而且接受到足量的營養供給，因此內容物充足，可可的風味明顯，可可脂含量高，這是製作美味巧克力的源頭與基礎。

　　缺陷豆剔除

　　可可豆在生長發育、採收、後製處理、運送與保存的過程中，有許多狀況可造成可可豆品質不良，這些缺陷豆有部分對人體健康會有不好的影響，有些則是會降低巧克力的風味品質，因此必須加以剔除，可可豆的粒型大，方便使用人工剔除，目前在產地主要是以人工挑選豆子進行分級。以下是幾類缺陷豆必須剔除的，但是先列出正常的可可豆做為參考。

發酵處理的正常可可豆

　　可可豆經過發酵處理的過程，可可豆外面包覆的果肉會被微生物的酵素分解，分解的殘留物部分會殘留在種子皮 (testa) 的外部，與種子皮黏合成為種殼 (shell)，種殼表面大多會有一些白色的粉末狀物質如下列二圖。這兩張圖中顯示的可可豆都是飽滿肥厚，外表的粉末乾燥，沒有菌絲狀的物質，都是屬於正常發酵處理的優質的可可豆。

健康飽滿豆子

健康飽滿豆子

發黴豆

　　發黴豆的外觀會有明顯的真菌的菌絲，與正常發酵處理的可可豆是有明顯的不同，以手觸摸會有黏黏濕濕的感覺。

　　嚴重的發黴豆在利用剖切刀切開後，可以明顯見到黴菌的菌絲，這是務必要剔除的，因為它會讓巧克力產生明顯的土味與霉味等令人不悅的氣味。

發育不良豆

可可豆如果厚度無法以剖切刀縱剖平分成兩半，就屬厚度不足過薄，可可豆的內容物就不足，可可的風味會明顯不足，可可脂的含量也不足，因此必須加以剔除。

雙 (多) 生連體豆

這類可可豆在發酵過程未分離，因此發酵程序的進行與其他可可豆有落差，會造成過度發酵或是發酵不足的現象，會影響整體的風味，建議加以剔除。

破碎豆

這類可可豆的外殼有局部破損，造成部分的可可種仁脫落，這些破裂豆就有可能含有黴菌，建議考慮剔除。

果殼碎片

果殼碎片表面所含有的發酵殘留物會嚴重破壞可可的風味，這是必須剔除的。

石板色豆 (slate bean)

這是未發酵的可可豆，通常在採用發酵處理法的可可豆，這是屬於缺陷豆，可可的風味不明顯，澀味強烈，可可

脂含量低，是必須加以剔除的缺陷豆。但是如果可可豆採用不發酵處理法，石板色豆是被允許存在的，在 ISO 國際可可豆 2014 年的標準，可容許到 20% 的石板色豆。

蟲蛀豆

可可豆可能在樹上生育過程或是倉儲保存過程遭受蟲蛀，蟲蛀豆會有明顯的蟲孔，這是必須加以剔除的。

病菌感染畸形不良豆

可可豆在樹上生育過程遭受病害感染，導致可可豆的發

育不良而致畸形，這類豆子風味不良，必須加以剔除。

可可生豆去殼

可可生豆的外皮在發酵處理法的發酵過程會與殘留的果肉黏合形成果殼，在乾燥後，果殼會與種仁密合，造成分離的困難，如果強行擊碎可可豆，會有許多種仁黏附在果殼上，造成大量的損耗。因此筆者開發的製程就加入果殼分離的程序。

分離果殼與種肉的原理是利用加熱膨脹差異的現象來達成，提供外部間接熱源，使外殼先受熱而膨脹，膨脹的果殼就會與種仁分離，然後再進行擊碎就可以減少果殼與種仁的黏著。

烘烤生可可豆

家用的烤箱，具有上下加熱管的都可以使用，定溫在攝氏 150 度左右，烤箱先預熱，然後將可可豆平鋪在烤盤，加熱過程中要注意翻動豆子，使可可豆受熱均勻，注意觀察可可豆有些微膨脹即可停止。如果平鋪一層的可可豆，通常會在 5 分鐘左右

烘烤後　　　　　烘烤前

就可以完成，但是實際上烘烤所需時間會受烤箱的效率，烤

盤擺放的部位，以及可可豆鋪放的厚度（重疊的層數）影響，因此必須以可可豆的外觀膨脹為準。具有蒸氣功能的烤箱也可以使用。

這個階段的烘烤是以讓果殼膨脹與種仁分離，但不讓種仁進入烘烤為原則，需要避免過度烘烤。

壓碎烘烤外殼膨脹的可可豆

呈現膨脹的可可豆即可取出，進行可可豆擊碎脫殼的處理。

可可豆在烘烤後會比較酥脆，可以使用手剝，也可以使用各式家用的工具，如桿麵桿，啤酒空瓶來回碾壓可可豆，讓可可豆碎裂，壓碎的可可豆會混雜碎種仁、果殼碎片與細碎的粉末（內含細碎的果殼與種仁粉屑），保留其中的種仁，另外的果殼與粉末都要去除，為了減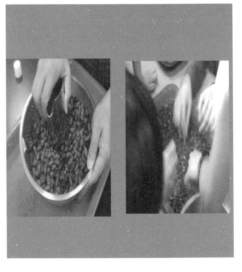少粉末的產生，在碾壓的過程注意不可過度，以避免過度壓碎，造成種仁也被壓成粉末，會大幅降低篩出的種仁，而產生過度的耗損。

分離可可種仁、果殼與粉末

可可豆壓碎後，會有碎果殼與粉末，可以使用適當的篩網分離或是利用風選的方式分離，或是兩者並用。

手工網篩分離

實驗室用風選過篩機

農用碾壓風選機

分離後可可果殼與粉末

分離後的可可種仁

機器篩分風選

可可種仁烘烤

經過擊碎的可可豆，再將種仁分離出來，就可進行種仁的烘烤。

種仁烘烤的目的有兩個，第一個目的：儘可能將發酵過程所浸潤的醋酸揮發掉；第二個目的：將這批可可豆的最佳風味展現出來。

第一個目的：去除醋酸味

可可豆發酵過程會產生酒精與醋酸，這些酒精與醋酸在發酵過程中會滲入可可豆的每一個細胞，酒精會破壞細胞膜，醋酸則是會讓細胞的蛋白質成分變性，發酵過程酒精與醋酸扮演非常重要的角色，帶動整個可可豆內部成分的大轉變，因此創造出可可豆獨特的風味，在乾燥過程中，酒精因為沸點較低 (78.4℃)，大部分都揮發掉了，醋酸的沸點為 118.1℃，在曬乾乾燥的過程及日常的保存條件下，不易揮發，因此仍有大量醋酸保存在種仁細胞內，在製作巧克力時，這是必須要去除的，由於這些醋酸是深入到每一個細胞內，要把這些醋酸去除掉，並不是一件容易的事情。

基本的去除方法是利用提高溫度，讓處理溫度越接近醋酸的沸點，會讓醋酸去除的速度加快。另外一個方法就是讓細胞儘可能接觸空氣，讓醋酸可以脫離細胞。所以在筆者開發的製程中，就有「可可種仁烘烤」與「可可膏研磨」等兩個階段，都以處理醋酸的排除為重要的目的與目標。

　　第二個目的：展現每批可可豆的最佳特色風味

　　由於筆者開發手工巧克力製程是以創造呈現巧克力的特殊風味，建議選用本身就具有特殊風味的可里歐羅與千里達可可豆，如果這些本身就具有特殊風味的可可豆不能被完整展現，就使得這個製程失去意義。在工業製程上，可可豆的烘烤條件會因為使用的烘焙設備而有不同，一般可以設定的烘烤條件範圍是攝氏溫度 90~150℃，時間 15~180 分鐘之間，溫度越高烘烤的時間就越短。一般可可種仁顏色都是深褐色，在烘烤的過程中，顏色的變化不明顯，很難以顏色作為烘烤程度的控制方式。由於可可豆的烘焙程度不容易由外觀顏色判定，再加上所謂每批可可豆的最佳特色風味也無從定義，必須要仰賴烘烤者的嗅覺在現場掌控，（當然這就符合所謂客製化精品巧克力的基本條件），因此筆者依據可可種仁水分含量的口感與滋味的變化，建議下列的基本觀察條件。可可種仁依據目前國際交易的基本規格要求，可可生豆的含水率不可高於 7.5%，經過先前保存與烘烤去殼的操作，

可可種仁的含水率大約在 6% 左右，此種含水量的種仁在口中咀嚼會帶有韌度，也就是會有彈性，QQ 的口感，在烘烤過程，可可種仁的水分逐漸降低，降到 4% 左右，口中咀嚼的口感會逐漸轉變成脆感，繼續烘烤，水分又會持續降低，咀嚼的口感就會轉變成為酥感。在味覺方面的變化，剛開始烘烤時，可可種仁含有大量的醋酸，因此在味覺上會呈現強烈的酸味，再繼續烘烤，等到醋酸排出了大部分，酸味會轉弱，但是苦味會轉強，如果再繼續烘烤下去，苦味會轉變成為焦味，就是燒焦了。

　　筆者建議的利用咬感 (口中咀嚼感) 的 Q，脆，酥，結合味覺的酸，苦，焦這兩種人體的感官功能作為可可種仁現場烘烤程度的掌控，至於烘烤過程的溫度調整與時間的長短，主要的重點在於展現可可豆的特殊風味，建議以低溫攝氏溫度 80℃ 為起點，長時間烘烤，由於利用較低的溫度，可可種仁在烘烤過程的變化速度較慢，可以讓烘烤人員有足夠的時間，以嗅覺感受辨別可可種仁風味的變化，在烘烤的過程，醋酸會被揮發出來，因此會有醋酸的酸味出現，接下來可可種仁會有烤麵包，花香，果香，堅果香等氣味出現，烘烤人員可以在這些特色風味出現的時候，中斷結束烘烤，以保留這些特色風味。這個部份就是可以展現巧克力師個人功力的重要關鍵點。

可可膏研磨

　　依據巧克力師的需要，可可種仁烘烤完成後，就可以進行研磨製成可可膏 (cocoa paste, 或稱 cocoa liquor)。由於可可豆的含油率一般介於 45%～55% 之間，筆者測試過的研磨設備包含螺旋絞刀式的研磨機，切割式的乳化機以及傳統的石磨機，各有優缺點，這些優缺點呈現在研磨速度的快慢，以及研磨的品質兩方面。此外還有一個重要的要求，就是醋酸的去除，儘可能去除滲入可可種仁細胞內的醋酸，在可可種仁烘烤的階段，筆者推測應該是只能去除掉細胞間隙的醋酸。因此在可可膏研磨的階段，當細胞被磨破，這些醋酸脫離細胞膜的包覆，如果能夠利用溫度的提升，應該就可以將醋酸揮發掉，工業製程利用薄膜法研磨可可膏也是考慮到此一目的。

　　可可膏研磨的細度，也就是可可固形物的顆粒大小，只要達到 50～30 微米 (μm) 以下，人類的舌頭就無法分辨出顆粒性，也就是說顆粒感消失了。筆者測試過的設備，石磨機及乳化機都可以達到這個要求，石磨機需要十餘個小時才能達到，乳化機則十餘分鐘即可達到。

　　醋酸的揮發需要提高溫度，才能加快揮發的速度，石磨機研磨過程所產生的溫度過低，不足以揮發醋酸，研磨時間加長並無助益。乳化機研磨速度快，但產生的溫度過高，可

以快速的將醋酸揮發掉，但是超過攝氏90度的高溫，將會對可可膏產生等同於烘烤的作用，同時也會將花香，果香等特殊的風味一併揮發殆盡，因此對於研磨設備的規格要求，在研磨過程要能夠升溫，但是溫度不可超過攝氏90度，研磨的顆粒細度需要達到50~30微米 (μm)。

細度的測量可以使用細度計 (Grindometer，finess meter) 測量，或是取可可膏放在舌面上，以人體的感官感測之。

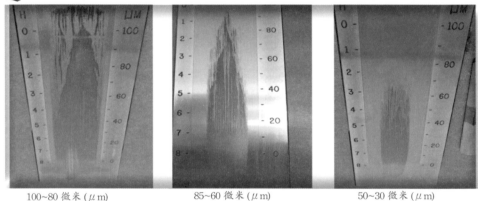

100~80微米 (μm)　　　　85~60微米 (μm)　　　　50~30微米 (μm)

醋酸的去除程度則是以嗅覺感受研磨過程所產生的氣味，感受這些氣味中是否仍有醋酸味殘留。

當研磨的可可膏已經沒有殘留的醋酸氣味，同時可可膏的顆粒感也消失 (也就是細度達到50~30微米)，這個研磨的階段就完成了。

可可膏調味與精煉

可可種仁經過研磨，達到可可膏的標準後，就可以進行調味，製成巧克力膏。

可可膏可以加入甜味劑，香料等調製成巧克力膏，如果再加入奶粉，就可以製成牛奶巧克力產品，如果有需要進行鹼化，也可以在此過程進行。有關甜味劑，香料，奶粉及鹼化等相關科學知識，請參考前面章節。本節將敘述相關的手工操作方式。

香料製備

香料製備的部分，為符合筆者所提倡的真食物原食材的概念，建議使用天然的香料材料，請避免使用人工化學合成的香精。

在巧克力產品中常見的香料包含肉桂 (cinnamon)，香草 (vanilla)，小茴香 (cardamom) 等，部分香料我們會直

接食用，但是有一些香料是只取其香氣(例如透過香料滷包滷製滷汁後，香料包即丟棄)並不食用其固形物部分。因此添加到可可膏的香料形式，需要考慮香料的使用方式加以調整。對於會直接食用的香料，不妨可以直接添加，對於不使用固形物的香料，可以採萃取的方式，然後再添加到巧克力膏中。

大部分香料的香氣成分多屬於芳香族化學分子，芳香族分子多可溶於油脂，因此可以利用油脂來萃取這些香氣成分。可可豆本身就富含油脂，因此可以使用可可脂來浸泡溶出香氣分子。高溫可以加速香氣分子的釋放與溶出，但是過高的溫度也會讓油脂酸敗變質，因此建議利用油脂萃取香料香氣的溫度控制在攝氏 90 度以下。

通常這些香料買來時，會有較高的水分含量，同時也會因為保存倉儲的過程，吸收了一些雜味，因此建議香料需要先利用烤箱，低溫烘烤，以去除多餘的水分，也可以消除吸附的一些雜味，同時也活化香料的香味。然後進行研磨後，再使用可可脂浸泡，放入溫度攝氏 40~80 的條件下，維持可可脂在液態的狀態，進行香氣萃取，不同的香料可能有不同的提取

香料浸泡

香氣的方式，請自行考量 (例如香草莢，只須直接浸泡即可，不需要經過研磨)。使用時，將香料渣濾除，添加已萃取香味的可可脂即可。

可可濃淡風味調整與手工可可脂分離

可可膏的風味是由可可固形物的比例來決定的，可可固形物比例高就會有較強的可可味，可可固形物比例低，可可的風味就會較弱。因此可以透過可可膏油脂的分離，分別取得可可脂與可可固形物，然後再增減可可脂 (或可可固形物) 來達到可可膏的可可風味濃烈程度的調控。在手工的製程中，當可可膏研磨完成後，只要將可可膏維持在攝氏溫度 40 度以上，利用靜置法，讓地心引力自然沉澱可可固形物，可可脂就會浮到表層，而達到分離的目的。筆者建議利用攝氏 80 度的溫度，長筒型的容器，可以加速可可脂與可可固形物的分離。

添加糖的用量計算

可可膏一般會添加糖，以製作甜味的巧克力，一般市售常見的黑巧克力 (dark chocolate) 會標示糖的含量，如 72%, 85% 等，在上述步驟完成的可可膏，如果直接裝入模型中，

所製成的巧克力就是 100% 純黑巧克力。如果要製成 72% 黑巧克力，就需要加入糖，所需要加入的糖的重量，可以使用下列公式計算。

(可可膏重量＿公克) / 0.72)-可可膏重量＿公克＝糖的用量＿＿公克

在上列公式，可以代換所需製成的巧克力成品的成數，例如要製作 85% 的巧克力成品，就將公式中的 72 代換成 85，計算所得的數字就是加入的糖的重量。

使用的糖，為了避免產生巧克力的後韻有回酸的現象，同時也避免刺激胃部，建議使用冰糖，為了研磨方便，請使用細顆粒的冰糖。傳統冰糖是作為燉肉等料理使用，直接添加到可可膏會有衛生的疑慮。

100% 純黑巧克力風味的調控

可可膏是純的，也就是 100% 的可可，如果直接精煉再調溫後入模，所得到的成品就是 100% 的純黑巧克力。透過前段製程所敘述的可可種仁烘烤，控制烘烤的程度，不要進入苦到焦的程度，維持在酸到苦的過渡階段，再確保醋酸在種仁烘烤的階段以及可可膏研磨的階段能確實去除，可里

歐羅可可豆在由酸味過渡到苦味的烘烤程度，其香氣的複雜度是非常迷人的，這些香氣化合物主要是來自梅納氏反應的眾多中間物，在此烘烤程度伴隨的酸味通常是屬於果酸類，這是在烘烤過程中，可可種仁內含的游離態醣類，經過焦糖化反應透過熱裂解將六碳醣類化合物為主的組成，逐步裂解到以四碳醣類化合物為主的組成。如果在此時中止烘烤，就會有大量的四碳醣類化合物被保持住，如此就可以讓可可膏具有豐富的果酸味，因為這些四碳醣類化合物有許多是檸檬酸，蘋果酸類的成分，也因此具有果酸的滋味。這個果酸味會刺激人類的唾液產生，讓口中產生大量口水唾液，這會產生分解口腔中餘留的巧克力產生新的中間物質，因此讓口腔感受到新的風味，這是另一個很重要的巧克力風味變化性的來源。，另一方面，目前醫學的研究，認為檸檬酸與蘋果酸具有的抗氧化能力，對人體是有益的。

可可膏鹼化

可可膏如果使用了不良的原料可可豆，可能會有令人不悅的強烈澀味與刺激性的酸味存在，透過鹼化可以將這些不悅的味道去除，筆者的手工製程是利用食品級小蘇打粉，以可可膏的重量的 0.1%~0.3% 添加，即可達到消除這些不悅的風味的目的，但是同時也會將其他豐富迷人的氣味一併抹平，筆者不建議進行鹼化處理。如果必須要使用，也要盡可

能減少添加量，建議以 0.05% 的添加量為單位，加入後，研磨至少 10 分鐘，讓酸鹼中和的化學反應能充分進行，再以口感確認，鹼化的程度是否已足夠。

可可膏的精煉

純的可可膏也就是 100% 的可可，如果是利用快速切割式的乳化機或是螺旋絞刀式的研磨設備製作而成，這樣的可可膏，通常其中的可可固形物與可可脂的混合不會很均勻，這會發生在利用細度計測試可可膏的細度已經達到 50~30 微米了，但是口感上卻還是有顆粒感的現象。對於這個問題，近代的學者透過顯微鏡的觀察，有研究報告說明這是可可固形物的微小顆粒間發生相互的吸引而聚集成團塊狀，產生所謂的凝聚現象 (agglomeration)。瑞士巧克力廠商 Lindt's 偶然間發現利用長時間的研磨，可以將這些凝聚的固形物團塊打散，因而開發了巧克力精煉 conching 的製程，後續的科學研究發現透過乳化劑的添加也可以降低可可固形物的凝聚，縮短精煉的時間，加速達成此目的。但是大多數的乳化劑會有氣味，添加之後會與可可膏的味道不相容，而容易被人感受到，因此筆者建議以石磨機研磨進行精煉，大約一小時即可打散凝聚的可可固形物產生滑潤的口感，而不需添加乳化劑。

可可膏的調味如果是添加糖，增加甜味，或者是加入奶粉，這些糖以及奶粉都會成為巧克力固形物的一部分，因為糖及奶粉是不會被可可脂溶解的，奶粉的奶油則會與可可脂混合，因此加入糖或者是奶粉到可可膏中，會增加固形物的含量，這些固形物也必須被研磨成微小顆粒（達到50～30微米的程度），才會讓顆粒感消失，同時也必須要被精煉來降低凝聚作用所產生的團塊，才會讓巧克力恢復滑潤感。

在研磨糖顆粒與奶粉顆粒的過程中，當被壓碎產生的小顆粒糖粒與奶粉微粒，也可能釋放一些糖的香味，一些奶粉的香味，由於是與可可脂一起研磨的，這些香氣也會有可能被可可脂捕捉而保留在巧克力中。

使用石磨機進行可可膏精煉的過程，添加的糖及奶粉，必須少量緩緩添加，避免一次大量加入，產生過多的凝聚現象，而使石磨機卡住，造成操作的困擾。

巧克力成品製作

當可可膏添加了甜味劑，奶粉，香料等，就變成了巧克力膏，靜置冷卻後會成為塊狀，這就是與一般市售的巧克力半成品同類的產品。從這種狀態的巧克力塊，後續可以製作熱可可飲料，塊狀巧克力，包餡巧克力，生巧克力，甘納許，以及各式各樣的巧克力抹醬。製作熱可可飲料以及各式各樣的巧克力成品，有許多的教學資源可以取得，筆者在此只是針對依照本書製作的手工巧克力半成品，在製作最終的巧克力成品，提出一些與工業巧克力半成品比較的差異之處，供各方巧克力師傅參考，以方便調整操作技術，創造出風味各有特色的巧克力成品。

透過筆者的手工巧克力製程所完成的巧克力半成品與市售工業巧克力半成品有下列幾項差異：

	手工巧克力半成品	工業巧克力半成品
可可固形物與可可脂的比例	不固定	固定
巧克力香氣	複雜度高	單一
巧克力味覺	複雜度高	單一
調溫	未調溫	大多有調溫
含有人工香精添加物	無	大多數有添加物
乳化劑	不含乳化劑	大多數有乳化劑
非可可脂的油脂	不含非可可脂的油脂	含有非可可脂的油脂

手工巧克力由於來自一小批的生可可豆，先天具有取樣的差異性，因此每次製作的手工巧克力半成品是一定有所不同的，這些不同的地方會呈現在可可油脂的比例，香氣，味覺，只要手工巧克力沒有進行鹼化的處理抹平特色，其風味與味覺的差異也就會存在。要減少小批次可可生豆製成的巧克力半成品的差異程度，必須仰賴巧克力師在前述各個手工巧克力製作步驟精心的調控，方能穩定的維持每批手工巧克力的特色。

熱可可製作的要點

　　巧克力膏遇冷就會凝固，使用牛奶製作熱可可，不能直接使用冰牛奶加入巧克力膏。

生巧克力與甘納許 (Ganache)

　　在巧克力膏中添加鮮奶油等於是添加了牛奶與奶油，在法式甜點中是非常常見的作法，因此特別以甘納許來稱呼這類的甜點，甘納許的鮮奶油與巧克力膏的比例可以有很大的範圍，可以巧克力膏的比例很高，也可以鮮奶油的比例很高。筆者所開發的手工巧克力製程，以真食物原食材為原則，對於應用這種原食材製作而成的手工巧克力半成品，如果要使用鮮奶油，筆者特別提醒要使用不添加防腐劑的鮮奶油，通常未添加防腐劑的鮮奶油其保存期限通常在三星期以內，依據政府的規定，如果有添加防腐劑也必須標示，請詳閱商品標籤。

塊狀巧克力
製作塊狀巧克力在入模前，必須要先對手工巧克力進行

調溫，有許多手工調溫的方式，市售也有許多小型調溫機可以使用，調溫的原則請參考第三章的說明。

第五章

第五章
精工巧克力特色風味調控

　　筆者所開發的手工巧克力製程是由可可生豆挑選入手，從每批可可生豆所具有的各自特色起手，原本就是期望創造出獨一無二的巧克力風味，這與市售大量化工業巧克力控制齊一風味特色的目的是絕然不同的，手工巧克力近年在歐美是以 artisan chocolate 這個名詞闡明其所製作的每一件巧克力成品都是以藝術家的眼光所精心創作的獨一無二的作品，我將 artisan chocolate 翻譯成「精工巧克力」以對應歐美對這類巧克力的內涵定義。

　　手工製作的精工巧克力目前在市面上是以其外觀的獨特性，不論是鮮豔華麗或是獨特造型作為吸引消費者的主要賣點，細細品嘗這些漂亮酷炫手工巧克力作品的風味，它的

基底巧克力的風味大概就是幾個類型，這是因為目前巧克力師只能由取得工業化製作的半成品的巧克力鈕扣及巧克力磚入手，這些半成品掌控在全球少數幾家供應商，個體戶工作室或是中小型的巧克力工廠是無法要求這些跨國的大企業為他們量身訂做特殊口味的巧克力半成品，所以大家買得到的半成品巧克力的品項非常有限，因此巧克力師只能就外觀造型，以及內餡兩方面發揮創造力，這是目前巧克力師最大的窘境。

　　我所開發的手工巧克力製程，是由可可生豆入手，基本的製程大約只需三小時就能完成可可膏調味精煉，得到與工業化巧克力半成品相同的材料，巧克力師只需多花三小時就能接續進行後續的外觀造型及內餡調製。

　　由可可生豆入手所製作的精工巧克力，最大的差別就在巧克力的味覺，香氣與口感可以不受工業化半成品的限制，可以讓巧克力師自由發揮創造獨特的口味，例如在甜度上，可以由純黑巧克力的 100% 到任意 % 等各種的甜度，同時也不必受限只有甜味，酸甜苦鹹辣鮮等味覺都可以自行創造，或是也可以加入各式的調味香料，例如花椒，八角、孜然等東方世界獨特的香氣，這是在現有工業化半成品巧克力所沒有的，巧克力師可以自由創造味覺與香氣，不用再擔心因為使用工業化半成品而受限了。

由可可生豆入手製作可可膏的過程，從挑選可可生豆的產地、品種、發酵處理法等可可豆後製技術 (post harvesting process)，到可可豆烘烤去殼，可可種仁烘焙，可可膏研磨以及調味，每個步驟都可以創造出獨特的風味。這些獨特的風味需要由巧克力師以嗅覺及味覺感受可可豆的香氣與滋味等等各面向細膩的變化，巧克力師要設法去想像每個步驟完成的中間成品所具有的風味特色，如何再由下個步驟調整揉合，逐步朝向最終的巧克力成品風味。

　　這些香氣，滋味以及口感的辨認就是所謂的感官品評 (sensory evaluation)。可可豆、可可膏與巧克力半成品／成品的感官品評可以分別從視覺，嗅覺，味覺及口感等幾方面討論。巧克力師在所有手工製程的步驟中，必須要用感官來決定所需要的特色。

　　可可生豆原料乃至巧克力成品的感官品評項目，配合百年來巧克力工業化的過程，在歐美國家已發展多年，已有許多的版本可以採用，近年來也有許多以風味輪 (flavour wheel) 的形式呈現。我以實際親身操作過程，取材國人生活熟悉的食物，選取了方便理解的一些氣味與滋味，以中文呈現這些風味的描述用詞，列於下列諸項品評過程，方便巧克力師紀錄、追蹤與討論各種在各個製作步驟出現的可可與巧克力的風味特色。

製作過程的品評紀錄

可可生豆的感官品評紀錄

可可生豆的外觀大小，內部的顏色判斷，都是以視覺進行評判，為了觀察可可生豆內部的顏色，可以使用剖切刀以縱切的方向切開可可生豆。可可生豆的氣味可以用鼻子吸嗅來感受判定，可可生豆的滋味可以把種殼剝掉然後取出種仁，將種仁放入嘴中直接咀嚼，感受各種滋味。

可可生豆的外觀顏色可能有黃、黃褐、褐、深褐等幾種顏色。

可可生豆的內部顏色可能有石板色 (slaty)、紫色、部分紫色斑塊、褐色以及白色等幾種顏色。

可可生豆的氣味可能有味增味、酒精味、醋酸味、腐臭味、酚味 (化學品)、煙燻味、巧克力味、熟肉味、甜味、麥

芽味、果酸味、菁味、碗豆味、脂肪味、土味、動物性蠟燭味、烘焙味、蜜味、椰子甜味、堅果味、水蜜桃甜味等。

可可生豆的味覺可能有苦、鹹、嗆、甘、甜、辣、酸、澀、膩以及反胃感。

可可生豆咀嚼的口感可能有硬、脆、韌 (軟 Q) 等口感。

讓感官熟悉日常真
食物的氣味及滋味
示意圖

掌握烘焙變化　抓住風味

可可生豆及種仁烘烤過程的感官品評紀錄

　　可可生豆及種仁烘烤過程，豆子內部含有的一些後製處理行程而滲入的成分（如醋酸，酒精等）會因受熱而揮發出來，豆子的原本組成分（如澱粉，脂肪及蛋白質等）也會因為受熱而被分解（熱裂解），產生新的化合物，如焦糖化反應與梅納氏反應等，因此會產生新的氣味與滋味，在烘烤的過程中，溫度的高低會影響這些反應速度的快慢，因此氣味滋味的變化速度也會隨之而快慢。在烘烤的過程中有賴巧克力師持續不斷反覆取樣，以感官評測追蹤觀察這些氣味的消失與生成，藉以控制烘烤溫度與時間以及結束的時機點。

　　在烘烤過程中，可可生豆及可可種仁會有下列感官特性的可能風味顯現。

　　可可生豆與種仁的氣味可能有味增味、酒精味、醋酸味、腐臭味、酚味(化學品)、煙燻味、巧克力味、熟肉味、甜味、麥芽味、果酸味、菁味、碗豆味、脂肪味、土味、動物性蠟燭味、烘焙味、蜜味、椰子甜味、堅果味、水蜜桃甜味等。

可可生豆與種仁的味覺可能有苦、鹹、嗆、甘、甜、辣、酸、澀、膩以及反胃感。

可可生豆與種仁咀嚼的口感可能有硬、脆、韌(軟Q)等口感。

可可種仁在烘焙的過程中，其外觀顏色的變化不明顯，不像咖啡生豆烘焙過程，咖啡生豆的外觀顏色會由綠，轉黃褐，褐色，再變成黑色，反光度也會由平光轉成油亮反光，因此咖啡的烘焙度可以利用顏色來評判與調控。可可種仁在烘焙過程中，基本上維持褐色，當顏色轉為黑色時，通常都是已經烘烤過度燒焦了，苦澀焦味難以入口，因此筆者建議的烘焙度控制方式是以味覺來控制，在淺焙階段，可可種仁會呈現明顯的酸味，中焙火程度，可可種仁會呈現苦中帶酸的滋味，在重焙火程度，苦味會是主要的味覺，當有焦味出現時，通常都已經過度焙火了。

焦味是必須要避免的，因為燒焦的食物是具有致癌性的，這是會害人的，萬萬不可作!!!

烘焙的時間長短可以利用烘烤的溫度高低控制，溫度越高烘焙的速度就越快。但是烘焙速度越快的條件下，熱度是否有透到每一個可可種仁顆粒的內部，也就是所謂是否「熟透」，以及熟透的程度如何，這些也是要由味覺來判定。

綜合上面的討論，可可種仁在烘焙過程的烘焙程度可以由酸、苦、焦等味覺來判定，巧克力師要仔細的品評酸苦焦這三種味覺的比例組合。

研磨創造口感　抓住滑潤滋味

可可膏研磨過程的感官品評紀錄

可可膏可以利用各式研磨設備將烘焙完成的可可種仁進行研磨而得到，因為研磨進行中的溫度高低也會影響可可內含的化學成分的變化，因此香氣，滋味也會有所變化。可可膏在研磨的過程中，可以加入各種的糖，香料，奶粉等，有必要的話，也可以進行鹼化，這些都會改變可可膏的香氣，滋味與口感，而且這些風味的變化在剛加入的時候，一直到被研磨一段時間乃至更長的時間，都會因為與可可膏進行混合與化合的程度提高而持續不斷的變化，也都需要巧克力師持續的取樣，細心的品評追蹤各項變化，以決定研磨是否完

成了。

　　可可膏外觀顏色可能有淺褐色、褐色、深褐色及黑色等顏色差異，在反光度上則可能呈現明亮反光、略帶光澤或是無光澤等。

　　可可膏的氣味可能有味增味、酒精味、醋酸味、腐臭味、酚味 (化學品)、煙燻味、巧克力味、熟肉味、甜味、麥芽味、果酸味、菁味、碗豆味、脂肪味、土味、動物性蠟燭味、烘焙味、蜜味、椰子甜味、堅果味、水蜜桃甜味以及花香味等。

　　可可膏的味覺可能有苦、鹹、嗆、甘、甜、辣、酸、澀、膩以及反胃感。

　　另外在可可膏研磨過程中，包含精煉的程序，有一個非常重要的目的就是消除顆粒性的口感，這個口感就是構成可可膏與巧克力的質地 (texture) 主要的一部分。可可膏與巧克力的質地特色可以細分為三項：顆粒感、平滑感與黏稠感。顆粒感可以分為粗、中、細三種。平滑感可以分為滑膩、油滑與平滑三種。黏稠感則可分為強、中及弱三種。

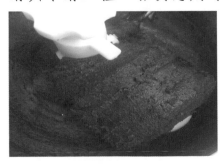
顆粒感

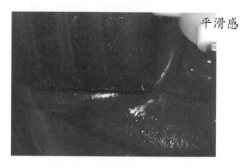
平滑感

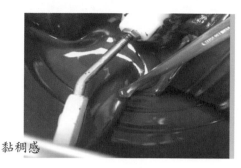
黏稠感

　　研磨完成的可可膏，如果有經過調味（加糖，加香料等）就可以稱為巧克力膏，如果可可膏沒有添加糖，這就是100%的純黑巧克力。這樣的巧克力膏就是目前外購工業化巧克力半成品（鈕扣或巧克力磚）加熱溶化後的狀態。巧克力師就可以從這個巧克力膏繼續完成最終的產品，不論只是簡單的做成熱可可飲料，蛋糕的巧克力塗醬，巧克力餡，加入鮮奶油製作生巧克力或甘納許，或是經過調溫雕琢成塊狀巧克力，酒心巧克力，巧克力師你有了一個自己創造的風味獨特的巧克力膏，將讓你製作的手工巧克力的基底巧克力風味不再庸俗，成為真正的精工巧克力！

精工巧克力與手工巧克力的差異

-- 處處都是展現創造力的舞台

　　精工巧克力與手工巧克力都是強調手工製作，最大的差別在於手工巧克力使用的工業化半成品的風味單調，種類少，精工巧克力的巧克力膏是自行製作的，它的風味是無法被限制的，巧克力師可以充分發揮他的想像力，在挑選可可生豆，到精煉的每一個步驟都加入創意，結合融入各式的食材，在香氣，滋味，口感，質地創造出無限的組合，配合巧克力食用時間的長度以及食用的場合，可以構思創造巧克力風味呈現的複雜度，層次感以及節奏感，魅惑消費者的味蕾及慾念。

　　工業化巧克力半成品在基底巧克力的風味口感上綁死了巧克力師的創造力，巧克力師只能在內餡及外觀造型發揮，這個空間的揮灑幅度是極其有限的。

　　筆者所呈現的精工巧克力製程是一個基本架構，循著這個架構，巧克力師可以用他個人的味覺，嗅覺等感官結合他的想像力，調控每個步驟的快慢與程度，展現巧克力師的創造力。本書所介紹的可可豆的產地，品種以及後處理技術乃

至烘焙、研磨、精煉及調味等等都是巧克力師可以著墨展現創意的地方。

可可生豆產地與品種的選擇

可里歐羅、千里達與佛瑞斯多的可可豆各有特色，工業化巧克力半成品會以成本考量，挑選可可豆原料，但是精工巧克力就會以風味特色為優先考量，選擇符合巧克力師所想創造的巧克力風味的可可生豆原料。

如前述第四章的可可生豆產國，各個產國與產地的可可生豆因為品種，氣候，採收後處理方法不同而各有特色，進口商要進口高等級優質風味的可可生豆，巧克力師則要利用感官能力，辨別各批進口生豆的風味特色，精挑細選能創造出所需要的巧克力風味的可可生豆，從可可生豆的風味就能想像未來要創造的巧克力風味!!!

可可種仁的烘焙

可可種仁在去殼後，種仁顆粒的大小是不均勻的，如果直接烘焙，大顆粒種仁的烘焙程度進展就會落後小顆粒的種仁，這是烘焙度不一致的重要來源之一，也是造成烘焙度難掌控的原因，但是烘焙度的不一致，卻是會使可可膏的風味複雜度提高的一個原始成因，巧克力師對於烘焙的均勻度掌

控與風味複雜度的取捨，就是一個非常有趣的選擇了。

在烘焙的過程要去除醋酸等令人不悅的氣味，但是同時又要捕捉在焦糖化及梅納氏反應過程中所短暫存在的令人驚豔的風味如花香味等，巧克力師必須要全神貫注調整烤箱的各項設定，透過持續的取樣與感官品評來捕捉這些稍縱即逝的特殊風味，才能展現真食物的美好特色。

研磨精煉的巧克力膏

可可種仁烘焙後，就可以進行研磨。研磨過程中可以加入糖，奶粉等傳統工業化巧克力產品風味的成分，製作出大眾熟悉的巧克力風味成品。

糖與 100% 純巧克力的創造

在現代文明病橫行的社會，眾人都希望又好吃又不要高含糖量，所以如果能夠把可可種仁透過烘焙控制，讓巧克力不要過苦到不能入口，又能保持隱隱的果酸，不讓消費者感到酸味，卻能因此而產生巧克力入口後的風味變化的層次感與節奏感，研磨精煉過程就可以不用添加糖了，而作出怡口迷人的 100% 純黑巧克力。

香料與風味

工業化巧克力常使用的香料包含肉桂，小豆蔻及香草莢等，各國的日常食物會使用的香料種類遠超過這些目前用在工業巧克力的項目，巧克力師可以多方嘗試各式各樣的香料，創造出獨特的風味

巧克力質地的創新

研磨的程度與方式可以改變巧克力膏的顆粒性與滑膩感，工業化巧克力透過乳化劑的添加，創造出一成不變的滑潤感，雖然是眾人熟悉的口感，但透過可可膏與外加糖等成分的顆粒性與滑膩感的改變創造出吸引消費者的新口感也是一個極具挑戰性的功夫。

可可風味濃烈程度的調控

透過手工可可脂分離技術的應用，巧克力師可以改變可可固形物的比例，呈現不同的可可濃烈風味，而不需透過外加工業化可可粉，妥協於外加可可粉的風味來達成。

工欲善其事必先利其器

-- 台灣機械工業的新藍海

在筆者所發展的精工巧克力手工製程的各個步驟，都可以發展各種小型的機械設備來輔助巧克力師，一如筆者在2004年進入精品咖啡產業，當時正處於發展的初期，國內咖啡設備，如磨豆機，烘豆機及咖啡萃取器材設備等都需要仰賴國外進口，不僅品項稀少而且又昂貴，但經過十年的精品咖啡產業發展，台灣機械產業目前也已經發展出琳瑯滿目的大大小小各式設備供應市場，功能齊全，充分滿足咖啡師各方面的需求。援引咖啡產業發展的經驗，我希望透過本書提出的手工製程，拋磚引玉，在全球精工巧克力仍處於萌芽的階段，讓機械製造廠能夠了解每個程序步驟的原理與需求目標，例如可可生豆去殼設備，風選設備，可可種仁烘焙設備，可可膏研磨設備，可可脂分離設備，巧克力精煉設備，以及熱可可，生巧克力及塊狀巧克力等各種巧克力成品的設備工具器材等等，做為設備設計開發的參考，開發出本地生產的小型家用型的設備，讓巧克力師可以早日脫離目前使用各式非巧克力專用的家用電器拼裝上陣的困境，配合巧克力的產品特性，而可以更方便的操控各個製作的步驟流程，讓精工巧克力師共同攜手機械設備廠邁向這一片新藍海的全球市場!!

後記

非常感謝 老師給我這個機會 參與巧克力之旅～

　　我是個美食酷愛者，我的美食範疇很廣很大，任何好吃的食物只要能充分表現原食材的特色，略借助其它的真實食材佐料襯托，但又不失原食材的本色，並且了解食物本來的屬性，充分將其味道，層次，口感再次表現出來，這就是我的美食。而能品嚐到細微的變化，有時是幸福的但也是困擾的。參與大學部與社會菁英們的巧克力課程，讓我再再跟自己的味蕾玩遊戲，非常有趣。(文章最後再敘述)

　　課程一開始會講述學科理論及示範實作過程，在這階段學習結束後，老師會要求同學們開始分組實作，並從此過程中去發現巧克力風味等的細節變化，同時老師也會要求學生們需做記錄。此時大家一定兵荒馬亂，但在這混亂中，我就發揮很大功效，提醒大家正確紀錄品評感受，找出變化，發現問題。而老師嚴格要求的目的，是為了使第三階段，同學們自選配方及最後成果發表能順利。

　　第二階段指定配方操作，雖然在一片慌亂學習中，同學們卻凝聚了默契，也提升了巧克力科學知識以及味道辨識能力。第三階段自選配方的教學，老師要同學分組時盡量找不同科系，不同年齡層以及不同的工作領域為組員，老師之用

意是希望透過不同類型人的組合討論，才能獲得豐富的味蕾記憶。

在第三階段時，這些看似不協調的組員，卻在此階段發揮意想不到的自選配方。由於有之前各組實作的經驗，此時再為自己的配方製作產品，同學們就顯得俐落，架勢十足。終於來到最後的成果發表，(也是我最開心的福利，可以吃每組的創新產品)。各組展示自己研發的巧克力，同時也會為自己的產品命名，邊聆聽發表邊品嘗，你的思緒及味蕾就如同台上的主講人所述一樣，似上天堂，遇見彩虹，五彩繽紛 .... 但此時千萬要冷靜，忠於自己的味蕾，良心評分。各組會把行銷做的很動人，但品評卻是最有趣的事，需相信及快速抓住第一個感覺，不帶任何定見，真實記錄。我非常喜歡這個階段，有恐怖怪異的味道，但也有讓人意想不到的味道，及吃了還會再三想抓住的味道，在此時我的味蕾資料庫一直增加中，真是有趣啊～

課程接近尾聲，同學了解了科學原理及製作過程，也同時品嚐了全班同學的共同味蕾，但最後還是希望別忘了，老師真正想教給大家的觀念，只要挑選過健康的豆子，不需再添加任何化工，(當然你也可以在細心的製作過程就把香味保留住，製作原味)只需略加入一些真食材提味，就可以把巧克力的原味保留住及你我的健康也照顧住 ～～

助教

各期學生上課剪影

跋

　　馬雅人稱巧克力是神的食物,雖然我還是在用拼湊的機器製作 bean to bar 的巧克力,但是基本上已經達到人吃的等級了,已經可以野人獻曝,拋磚引玉了,所以斗膽出書,就教於各界。

　　讓我起心開發由可可生豆入手的手工巧克力製程是基於對農民的關心,全球主要的可可豆生產國都是低收入的國家。這十餘年來,物流系統與金流系統快速發展並結合,人們應該有能力直接與散佈在世界各地的可可農採購,我希望在這種直接採購的風氣形成後,讓人活得有尊嚴。

　　現代經濟是所謂的規模經濟,必須要有一定龐大的數量才能成為一個項目而被討論。這個現象深深烙印在人們的腦中,最好的例子就是台灣農產品加工業的發展,我們必須自

已有大量生產的原物料才能發展這種原物料的加工業，所以我們過去種了甘蔗賣砂糖，種橘子賣柳橙汁，到了二十一世紀了，在這個邏輯之下，為了要發展咖啡產業就來去種咖啡樹，現在要發展巧克力產業，就連忙種可可樹，在這個新世紀，這個邏輯還是對的嗎？還是必要的嗎？舉一個反面證據，瑞士是一個溫帶國家，不可能種植原產於熱帶的可可樹，但是眾多的跨國巧克力公司都是來自瑞士，所以發展巧克力產業就一定需要搭配可可種植產業嗎？

巧克力是一種嗜好性食品，講究外觀造型，口味變化，發展這類食品除了原物料之外，最重要的是創意。台灣在食品這方面的創意基礎是很強的。這個基礎來自多元文化的融入，台灣在明清時期先後由大陸移入先民，後來西班牙，葡萄牙，荷蘭人先後入侵。再來是日本統治台灣五十年，在二次大戰之後，國民政府遷台，帶來整個中國各省的軍民。這些各國各地的文化，結合台灣多樣性的生態環境所能生產的眾多食材，造就了台灣的豐富多元又美味的飲食，這個才是我們發展巧克力產業真正的寶貝。

2011 年我取得了小批的可可生豆後，開始測試基本的可可豆處理與巧克力製作技術與設備，2013 年初備齊文件，正式向防檢局申請第一件可可生豆進口案，取得許可順利進口，確認可可生豆進口的大門打開了，就積極將先前測試的各個製作片段組合起來，完成第一代巧克力手工製程。一如

我在書中所述，手工巧克力製程受到工業化製程的影響及跨國企業的操縱，一直無法順利發展，世界各地有許多真食物的追求者，持續在網路上發布各項手工製程，其中有許多可供參考之處，但是在如何調控風味方面就少有所見，我在發展這個手工巧克力製程的過程中，親身感受過程中的點點滴滴風味特徵變化，融入多年來咖啡，茶葉官能品評的教學經驗，提出以感官感受判定可可豆與巧克力風味特色的方式與基準，其目的就在彰顯巧克力師在未來的台灣手工巧克力產業發展應有的重要性與主導性。

　　本書所列出的手工巧克力製程，其實是經過三次重大修正，這是在我透過臺灣大學進修推廣部開設巧克力官能鑑定人員培訓班與臺灣大學農藝系開設可可與巧克力學之後，在上課的過程中，修正測試所得的結果，感謝大學部十個班，進修部 12 期共七百餘位同學的熱情參與，陪我一起從「鬼吃的巧克力」，一直吃到目前「人吃的巧克力」，透過本書的出版，希望讓更多的巧克力師與巧克力愛好者共同參與，發揮創造力，再從「人吃的巧克力」進階到「神吃的巧克力」。巧克力的風味不應只限於甜味與奶味，這是巧克力融入歐洲飲食文明的成果，在現在這個東方飲食文明與巧克力交會的過程中，台灣應該要把握住機會，發揮創意，透過手工巧克力的製程，精煉在台灣融合已久的多元飲食文化，提取各種飲食元素，揉合各種味覺，讓酸，甜，苦，鮮，鹹，辣，麻等滋味，結合在地特色食材，在巧克力的舞台上盡情的發揮。期待結合真食物的概念，創造出無人工添加物的巧克力，

成為我眼中真正的精工巧克力師。

　　一方面要催生台灣的精工巧克力，一方面要讓消費者連接健康真食物的概念，我結合了已經積累十年的精品咖啡與茶業資源，在 2015 年集資設立公司，以平台的形式，努力讓咖啡，茶葉與巧克力三大嗜好食物互相輝映，以相互拉抬這三大產業的發展，卻因經營團隊成員的核心理念天差地別，最終感念股東們的諒解，終能收場結束，但卻將成為一生的憾事。

　　我以本書獻給手工巧克力的愛好者，我將一直與消費者同在。

參考資料

ADM Cocoa 2006. The De Zaan® Cocoa Manual. The Netherlands: Archer Daniels Midland Company BV.

Afoakwa, E. O., Paterson, A. & Fowler, M. 2008. Effects of particle size distribution and composition on rheological properties of dark chocolate. European Food Research and Technology, 226, 1259-1268 [doi.10.1007/so0217-007-0652-6].

Afoakwa, E. O., Paterson, A., Fowler, M. & Ryan, A. 2008. Flavor formation and character in cocoa and chocolate: a critical review. Critical Reviews in Food Science and Nutrition, 48(9), 840-857 [doi: 10.1080/10408390701719272]

Afoakwa, E. O., Paterson, A., Fowler, M. & Ryan, A. 2009. Matrix effects of flavour volatiles release in dark chocolates varying in particle size distribution and fat content. Food Chemistry, 113(1), 208- 215

Afoakwa, E. O., Paterson, A., Fowler, M. & Vieira, J. 2008. Effects of tempering and fat crystallisation behaviours on microstructure, mechanical properties and appearance in dark chocolate systems. Journal of Food Engineering, 89(2), 128-136

Afoakwa, E. O., Paterson, A., Fowler, M. & Vieira, J. 2008 Characterization of melting properties in dark chocolate from varying particle size distribution and composition using Differential scanning calorimetry. Food Research International, 41(7), 751-757 [doi:10.1016/j.foodres.2008.05.009]

Afoakwa, E. O., Paterson, A., Fowler, M. & Vieira, J. 2008. Particle size distribution and compositional effects on textural properties and appearance of dark chocolates. Journal of Food Engineering, 87(2), 181-190 [doi:10.1016/ j.jfood-eng.2007.11.025]

Afoakwa, E. O., Paterson, A., Fowler, M. & Vieira, J. 2008. Relationships between rheological, textural and melting properties of dark chocolates as influenced by particle size distribution and composition European Food Research and Technoloqu, 227. 1215-122 [doi 10.1007/s00217-008-0839-5]

Aguilar, C. & Ziegler, G. R. 1995. Viscosity of molten milk chocolate with lactose from spray-dried-milk powders. Journal of Food Science, 60(1) 120-124

Aguilera, J. M. 2005. Why food microstructure? Journal of Food Engineering, 67, 3-11

Amoye, S. 2006. Cocoa sourcing, world economics and supply. The Manufacturing Confectioner, 86(1), 81-85

Awua, P. K. 2002. Cocoa Processing and Chocolate Manufacture in Ghana. Essex, UK: David Jamieson and Associates Press Inc.

Bailey, S. D., Mitchell, D. G., Bazinet, M. L. & Weurman, C. 1962. Studies on the volatile components of different varieties of cocoa beans. Journal of Food Science, 27, 165-170.

Bainbridge, J. S. & Davies, S. H. 1912. The essential oil of cocoa. Journal of Chemical Society, 10, 2209-2221.

Beckett, S.T. 2006. Using science to make the best chocolate. New Food, 3, 28–34.

Beckett, S. T. 2009. Industrial Chocolate Manufacture and Use, 4th ed. Oxford: Blackwell Publishers

Biehl, B., Brunner, E., Passern, D., Quesnel, V. C. & Adomako, D. 1985. Acidification, proteolysis and flavour potential in fermenting cocoa beans. Journal of Agriculture and Food Chemistry, 36, 583-598

Biehl, B., Heinrichs, H., Ziegler-Berghausen, H., Srivastava, S.. Xiong, Q, Passern, D., Senyuk, V. I. & Hammoor, M. 1993. The proteases of ungerminated cocoa seeds and their role in the fermentation process. Angew Botanica, 67, 59-65

Biehl, B., Meyer, B., Said, M. &Samarakoddy, R. J. 1990. Bean spreading: a method for pulp preconditioning to impair strong nib acidification during cocoa fermentation in Malaysia. Journal of Agriculture and Food Chemistry, 51, 35-45.

Biehl, B., Passern, D. & Sagemann, W. 1982. Effect of acetic acid on subcellular structures of cocoa bean cotyleydons. Journal of Agriculture and Food Chemistry, 33, 1101-1109.

Bomba, P. C. 1993. Shelf life of chocolate confectionery products. In Shelf Life Studies of Foods and Beverages. Charalambous, G. (Ed.). Amsterdam: Elsevier Science Publishers BV, pp. 341-351.

Bricknell, J. & Hartel, R. W. 1998. Relation of fat bloom in chocolate to polymorphic transition of cocoa butter. Journal of the American Oil Chemists' Society, 75, 1609-1615.

Bueschelberger, H.-G. 2004. Lecithins. In Emulsifiers in Food

Technology. Whitehurst, R. J. (Ed.) Oxford: Blackwell Publishing

Buyukpamukcu, E., Goodall, D. M., Hansen, C. E., Keely, B. J., Kochhar, S. & Wille, H. 2001. Characterization of peptides formed during fermentation of cocoa bean. Journal of the Science of Food and Agriculture, 49, 5822-5827

Clapperton, J., Lockwood, R., Romanczyk, L. & Hammerstone, J. F. 1994. Contribution of genotype to cocoa (Theobroma cacao L.) flavour. Tropical Agriculture (Trinidad), 71, 303-308.

Clapperton, J. F. 1994. A review of research to identify the origins of cocoa flavour characteristics. Cocoa Growers' Bulletin, 48, 7-16

Cocoa and Chocolate Products Regulations 2003. Regulations for Cocoa and Chocolate Products London, UK: Food Standard Agency

Codex Revised Standard 2003. Codex Alimentarius Commission Revised Standard on Cocoa Products and Chocolate. Report of the Nineteenth Session of the Codex Committee on Cocoa Products and Chocolate. Alinorm 03/14, pp. 1-37

Coe, S. D. & Coe, M. D. 1996. The True History of Chocolate. London: Thames and Hudson.

Cooper, A. K., Donovan, J. L., Waterhouse, A. L. & Williamson, G. 2008. Cocoa and health: a decade of research. British Journal of Nutrition, 99, 1-11.

De La Cruz, M., Whitkus, R., Gomez-Pompa, A. & Mota-Bravo, L. 1995. Origins of cacao cultivation. Science, 375, 542-543

Dias, J. C. & Avila, M. G. M. 1993. Influence of the drying process on the acidity of cocoa beans. Agrotropica, 5, 19-2.4

European Commission Directive 2000. European Commission Directive 2000/36/EC on Cocoa and Cocoa Products. Official Journal of the European Communities, L 197, 19-25. , 64, 109-118

FAO. 1977. Cocoa. Better farming series 22. FAO, Rome.

Foster-Powell, K., Holt, S. and Brand-Miller, J.C. 2002. International table of glycemic index and glycemic load values. American Journal of Clinical Nutrition, 76 (1), 5–56.

Gacula, M. C. 1997. Descriptive Sensory Analysis in Practice. Trumbull, CT: Food and Nutrition Press

Gebhardt, S. E. & Thomas, R. G. 2001. Changes in the USDA nutrient database for standard reference in response to the new dietary reference intakes. Journal of the American Dietetic Association, 101(9), 1-12.

Granvogl, M., Bugan, S. & Schieberle, P. 2006. Formation of amines and aldehydes from parent amino acids during thermal processing of cocoa and model systems: new insights into pathways of the Strecker reaction. Journal of Agriculture and Food Chemistry, 54, 1730-1739

Hansen, C. E., del Olmo. M. & Burri, C. 1998. Enzyme activities in cocoa beans during fermentation. Journal of the Science of Food and Agriculture, 77, 273-281.

Hansen. C. E., Manez, A., Burn, C. & Bousbaine, A. 2000. Comparison of enzyme activities involved in flavour precursor formation in unfermented beans of different cocoa genotypes. Journal of the Science of Food and Agriculture, 80, 1193-1198.

Heath, H. B. 1982. Emulsifiers and stabilizers in food processing. Food Flavouring Ingredients Packaging and Processing, 4(9), 24-27.

Holm, C. S., Aston, J. W. & Douglas, K. 1993. The effects of the organic acids in cocoa on flavour of chocolate. Journal of the Science of Food and Agriculture, 61, 65-71.

Jinap, S. & Dimick, P. S. 1990. Acidic characteristics of fermented and dried cocoa beans from different countries of origin. Journal of Food Science, 55(2), 547-550.

Jinap, S. & Dimick, P. S. 1991. Effect of roasting on acidic characteristics of cocoa beans. Journal of the Science of Food andAgriculture, 54, 317-321.

Jinap, S., Dimick, P. S. & Hollender, R. 1995. Flavour evaluation of chocolate formulated from cocoa beans from different countries. Food Control, 6(2), 105-110.

Jinap, S.. Wan Rosli, W. I., Russly, A. R. & Nordin, L. M. 1998. Effect of roasting time and temperature on volatile component profiles during nib roasting of cocoa beans (Theobroma cacao). Journal of the Science of Food andAgriculture, 77, 441-448.

Kattenberg, H. & Kemming, A. 1993. The flavor of cocoa in relation to the origin and processing of the cocoa beans. In Food Flavors, Ingredients and Composition. Charalambous, G. (Ed.). Amsterdam Elsevier Science, pp. 1-22.

Kilcast, D. 1999. Sensory techniques to study food texture. In Food Texture Measurement and Perception. Rosenthal, A. J. (Ed.). USA: Chapman& Hall, Aspen, pp. 30-64.

Kilcast, D. & Clegg, S. 2002. Sensory perception of creaminess and its relationship with food structure. Food Quality and Preference, 13, 609-623.

Laing, D. G. 1983. Natural sniffing gives optimum odour perception for humans. Perception, 12, 99-117.

Lamuela-Raventos, R. M, Romero-Perez, A. I., Andres-Lacueva,

C. &Tornero, A. 2005. Review: health effects of cocoa flavonoids. Food Science and Technology International, 11, 159-176.

Larsson, K. 1966. Classification of Glyceride Crystal Forms. Acta Chemica Scandinavica, 20, 2255–2260.

Lawless, H. T. & Heymann, H. 1998. Sensory Evaluation of Food: Principles and Practices.New York: Chapman & Hall.

Lee, K. W., Kim. Y. J., Lee, H. J. & Lee, C. Y. 2003. Cocoa has more phenolic phytochemicals and a higher antioxidant capacity than teas and red wine. Journal of Agricultural and Food Chemistry, 51, 7292-7295.

Lehrian, D. W. & Patterson, G. R. 1983. Cocoa fermentation. In Biotechnology: A Comprehensive Treatise, Vol. 5. Reed, G. (Ed.). Basel: Verlag Chemie, pp. 529-575.

Levin, G.V., Zehner, L.R., Saunders, J.P. and Beadle, J. 1995. Sugar substitutes: their energy values, bulk characteristics and potential health benefi ts. American Journal of Clinical Nutrition, 62 (Suppl), 1161S–1168S.

Lipp, M. &Anklam, E. 1998. Review of cocoa butter and alternative fats for use in chocolate. Part A Compositional data. Food Chemistry, 62, 73-97.

Lonchampt, P. & Hartel, R. W. 2004. Fat bloom in chocolate and compound coatings. European Journal of Lipid Science and Technology, 106, 241-274.

Lonchampt, P. & Hartel, R. W. 2006. Surface bloom on improperly tempered chocolate. European Journal of Lipid Science and Technology, 108, 159-168.

Lopez, A.S. 1986. Proceedings of the Cacao Biotechnology Symposium (ed. P.S Dimick), pp. 19–53. The Pennsylvania State University.

Lopez, A. S. & Dimick, P. S. 1991. Enzymes involved in cocoa curing. In Food Enzymology, Vol. 2. Fox, P F. (Ed.). Amsterdam: Elsevier, pp. 211-236.

Lopez, A. S. & Dimick, P. S. 1995. Cocoa fermentation. In Biotechnology: A Comprehensive Treatise, 2nd ed., Vol. 9. Reed, G. & Nagodawithana, T. W. (Eds). Enzymes, Food and Feed. Weinheim, Germany: VCH, pp. 563-577.

Meyer, B., Biehl, B., Said, M. B. & Samarakoddy, R. J. 1989. Post-harvest pod storage: a method of pulp preconditioning to impair strong nib acidification during cocoa fermentation in Malaysia. Journal of the Science of Food and Agriculture, 48, 285-304.

Minifie, B. W. 1989. Chocolate, Cocoa and Confectionery - Science and Technology. London: Chapman & Hall.

Mitchell, H. 2002. The glucose revolution. Liquid Food and Drink Technology, 1, No. 3, 16–18.

Mossu, G. 1992. Cocoa. Macmillan, London.

Müntener, K. 1996. The conching process. Manufacturing Confectioner, 76 (10) 57–61.

Olinger, P.M. 1994. New options for sucrose-free chocolate. Manufacturing Confectioner, 74 (5), 77–84.

Olinger, P. M. & Pepper, T. 2001. Xylitol. In Alternative Sweeteners. Nabors, O. L. (Ed.). New York: Marcel Dekker, pp. 335-365.

Pangborn, R.M. and Kayasako, A. 1981. Time-course of viscosity, sweetness and flavor in chocolate desserts. Journal of Texture Studies, 12, 141–150.

Quesnel, V. C. & Roberts, J. A. 1963. Aromatic acids of fermented cocoa. Nature (London), 199, 605-606.

Reineccius, G. A., Andersen, D. A., Kavanagh. T. E. & Keeney, P. G. 1972. Identification and quantification of the free sugars in cocoa beans. Journal of Agriculture and Food Chemistry, 20, 199-202.

Stark, T., Bareuther, S.&Hofmann, T. 2005. Sensory-guided decomposition of roasted cocoa nibs (Theobroma cacao) and structure determination of taste-active polyphenols. Journal of Agricultural and Food Chemistry, 53, 5407-5418.

Stark, T., Bareuther, S. & Hofmann. T. 2006. Molecular definition of the taste of roasted cocoa nibs (Theobroma cacao) by means of quantitative studies and sensory experiments. Journal of Agricultural and Food Chemistry, 54, 5530-5539.

Whitefield, R. 2005. Making Chocolates in the Factory. London: Kennedy's Publications.

Van Malssen, K.F., van Langevelde, A.J., Peschar, R. and Schenk, H. 1999. Phase behavior and extended phase scheme of static cocoa butter investigated with real-time X-ray powder diffraction. Journal of the American Oil Chemical Society, 76, 669–676.

Whymper, R. 1912. Cocoa and Chocolate, Their Chemistry and Manufacture. Churchill, London.

Wijers.M.C.&Str ater, P. J. 2001. Isomalt. In Alternative Sweeteners. Nabors, O. L. (Ed.). New York: Marcel Dekker, pp. 265-281.

Wille, R.L. and Lutton, E.S. 1966. Polymorphism of cocoa butter. Journal of the American Oil Chemists' Society, 43(8), 491–496.

Wollgast, J. and Anklam, E. 2000. Review on polyphenols in

Theobroma cacao: changes in composition during manufacture of chocolate and methodology for identifi cation and quantifi cation. Food Research International, 33, 423–447.

Wood, G.A.R. and Lass, R.A. 1985. Cocoa, 4th ed. Longman, Harlow, Essex, UK and co-published with John Wiley & Sons, New York.

書　　　名　　精工可可與巧克力
　　　　　　　　入門科學與技術

作　　　者　　王裕文
封面設計　　林巾靖
企劃總編　　游玉美

出　　　版　　臺灣大學磯永吉學會
　　　　　　　　地址／台北市羅斯福路 4 段 1 號農藝學系
　　　　　　　　電話／886-2-33664754
理 事 長　　廖振鐸
顧　　　問　　彭雲明

製　　　版　　博創印藝文化事業有限公司
印　　　製　　皇賓彩色印刷公司
出版日期　　2018 年 12 月
版　　　次　　初版
定　　　價　　新臺幣 280 元
讀者信箱　　forestlife99@gmail.com
I S B N　　978-986-93182-3-5

國家圖書館出版品預行編目 (CIP) 資料

精工可可與巧克力：入門科學與技術／王裕文著.
-- 初版 . -- 臺北市： 臺大磯永吉學會，
2018.12
　　面；　公分
ISBN 978-986-93182-3-5(平裝)

1. 可可 2. 巧克力

463.844　　　　　　　　　　107023088